珠宝玉石鉴赏评价系列丛书

翡翠鉴赏评价

FEICUI JIANSHANG PINGJIA

王 蓓　耿宁一　编著
沈 喆　黄 瑛

中国地质大学出版社
ZHONGGUO DIZHI DAXUE CHUBANSHE

内 容 简 介

本书系统地介绍了有关翡翠的鉴赏与评价,包括翡翠概述、翡翠鉴别、翡翠价值评价和翡翠赏购,内容丰富、深入浅出、图文并茂、雅俗共赏、实用性较强,可作为广大珠宝玉石行业人员培训学习用书,也可供广大珠宝玉石爱好者,特别是翡翠爱好者学习参考。

图书在版编目(CIP)数据

翡翠鉴赏评价/王蓓等编著. —武汉:中国地质大学出版社,2020.12
(珠宝玉石鉴赏评价系列丛书)
ISBN 978-7-5625-4969-7

Ⅰ. ①翡…
Ⅱ. ①王…
Ⅲ. ①翡翠-鉴赏
Ⅳ. ①TD933.21

中国版本图书馆 CIP 数据核字(2020)第 271802 号

翡翠鉴赏评价	王 蓓 耿宁一 沈 喆 黄 瑛	编著

责任编辑:阎 娟	选题策划:张晓红 张 琰	责任校对:徐蕾蕾

出版发行:中国地质大学出版社(武汉市洪山区鲁磨路388号)	邮政编码:430074
电　　话:(027)67883511　　传真:(027)67883580	E-mail:cbb@cug.edu.cn
经　　销:全国新华书店	http://cugp.cug.edu.cn

开本:787毫米×960毫米 1/16	字数:149千字	印张:9.5
版次:2020年12月第1版	印次:2020年12月第1次印刷	
印刷:湖北新华印务有限公司		
ISBN 978-7-5625-4969-7		定价:58.00元

如有印装质量问题请与印刷厂联系调换

前言

翡翠以其独具魅力的种、水、色征服了所有爱玉、赏玉和藏玉之人，传承了古玉文化之精髓。翡翠作为佩戴与收藏保值完美融合的典范，成为深受国人喜爱的"玉石之王"。

本书系统地介绍了翡翠的相关知识，包括翡翠宝石学特性、翡翠常见品种和翡翠真假鉴别等，从翡翠玉质品质和翡翠加工工艺等方面介绍了翡翠价值评价，并且从翡翠常见纹饰寓意、常见饰品选购和佩戴与保养等方面提出了专业建议。

编著者将长期从事珠宝玉石鉴定研究、科普培训、经营管理积累的经验，以及近年来翡翠领域的新热点、新进展、新成果提炼总结融会其中。本书还从学术角度介绍了翡翠商贸中广为流传的大量行业俗语，帮助读者揭开行业俗语神秘面纱，更深入、更全面地贴近市场，了解翡翠。本书随文选配大量图片，图文并茂，兼顾通俗性和专业性，实用性较强，可作为广大珠宝玉石行业人员培训学习用书，也可供广大珠宝玉石爱好者，特别是翡翠爱好者学习参考。

本书由王蓓策划编著定稿，耿宁一参与了第1章、第2章的编著，黄瑛参与了第3章的编著，沈喆参与了第4章的编著，耿宁一参与统稿，沈喆参与图片处理。

本书的出版，得到业内许多朋友的帮助，以及中国地质大学出版社的支持。本书的图片除部分特别标注外由浙江省浙地珠宝有限公司提供，同济大学亓利剑教授、中国地质大学（武汉）袁心强教授、北京博观国际拍卖有限公司等给予帮助，也提供了部分图片，在此一并致谢。本书尚存不当之处，敬请读者批评指正。

编著者
2020 年 10 月 1 日

1 翡翠概述 (1)

1.1 什么是翡翠 (2)
1.1.1 翡翠名称缘起 (2)
1.1.2 翡翠的宝石学特性 (4)
1.1.3 翡翠的产地 (5)

1.2 翡翠的颜色 (7)
1.2.1 颜色成因 (7)
1.2.2 翡翠常见颜色类别 (9)

1.3 翡翠的种类 (13)
1.3.1 常见分类方式 (13)
1.3.2 翡翠常见种类 (14)

1.4 翡翠的价值元素 (20)

1.5 爱翠故事 (21)

2 翡翠鉴别 (23)

2.1 翡翠与常见相似品 (23)
2.1.1 石英质玉 (23)
2.1.2 和田玉 (24)
2.1.3 钠长石玉（水沫子） (25)
2.1.4 蛇纹石玉 (25)
2.1.5 独山玉 (25)
2.1.6 葡萄石 (26)
2.1.7 钙铝榴石玉 (26)

  2.1.8 玻璃 …………………………………………………… (26)

 2.2 翡翠的优化处理 ……………………………………………… (30)

  2.2.1 翡翠的优化 ………………………………………… (30)

  2.2.2 翡翠的处理 ………………………………………… (31)

 2.3 翡翠的鉴别方法 ……………………………………………… (34)

  2.3.1 肉眼鉴别 …………………………………………… (34)

  2.3.2 放大观察 …………………………………………… (36)

  2.3.3 仪器鉴别 …………………………………………… (38)

 2.4 翡翠的鉴定证书 ……………………………………………… (39)

3 翡翠价值评价 …………………………………………………… (42)

 3.1 翡翠玉质品质评价 …………………………………………… (43)

  3.1.1 颜色评价 …………………………………………… (44)

  3.1.2 质地评价 …………………………………………… (53)

  3.1.3 透明度评价 ………………………………………… (55)

  3.1.4 净度评价 …………………………………………… (57)

  3.1.5 翡翠的大小与质量 ………………………………… (61)

  3.1.6 翡翠的种与品质特征 ……………………………… (62)

 3.2 翡翠加工工艺评价 …………………………………………… (72)

  3.2.1 加工流程 …………………………………………… (72)

  3.2.2 加工工艺及技巧 …………………………………… (79)

  3.2.3 加工工艺评价 ……………………………………… (87)

 3.3 影响翡翠价值的其他因素 …………………………………… (99)

4 翡翠赏购 ………………………………………………………… (101)

 4.1 常见纹饰寓意 ………………………………………………… (101)

  4.1.1 祈福平安 …………………………………………… (101)

  4.1.2 招财进宝 …………………………………………… (103)

  4.1.3 事业有成 …………………………………………… (104)

  4.1.4 益寿延年 …………………………………………… (105)

  4.1.5 修身养性 …………………………………………… (106)

4.1.6　幸福美满 …………………………………………（107）
　　4.1.7　学业有成 …………………………………………（108）
　4.2　翡翠的选购 ………………………………………………（109）
　　4.2.1　常见类型饰品选购 …………………………………（109）
　　4.2.2　常见用途饰品选购 …………………………………（124）
　　4.2.3　选购渠道简介 ………………………………………（129）
　　4.2.4　选购注意事项及常见误区 …………………………（130）
　4.3　翡翠首饰的佩戴与保养 …………………………………（133）
　　4.3.1　翡翠首饰的佩戴 ……………………………………（133）
　　4.3.2　翡翠首饰的保养 ……………………………………（138）

主要参考文献 ………………………………………………（140）

❶ 翡翠概述

翡翠自清朝中后期开始大量进入中国，一跃成为"玉石之王"并风靡至今。翡翠在朦胧的外皮下蕴含着万千美色，以其独具魅力的种、水、色征服了所有爱玉、赏玉和藏玉之人，传承了古玉文化之精髓。

中华玉文化源远流长、博大精深，其所展示的东方神韵是中华民族灿烂文化的重要组成部分，也是人类艺术的光辉成就。许多与美好相关的词句，如"金玉满堂""抛砖引玉""玉洁冰清""琼浆玉液""玉树临风"等脍炙人口，充分体现了国人对玉的珍视与喜爱。

翡翠是中华玉文化的优秀承载者和发展者，以其丰富美丽的色彩，清澈温润的质地，精美雕刻的题材，形成了中华民族特有的翡翠文化，在全世界赢得了广泛的价值认同。

清 翡翠花鸟花插 故宫博物院藏

1.1 什么是翡翠

1.1.1 翡翠名称缘起

清代以前的文献资料关于"翡翠"的记载,大都源于鸟的名称、颜色的名称及与鸟有关的器物名称。东汉许慎的《说文解字》中对翡翠两字的解释:"翡,赤羽雀也,翠,青羽雀也。"一般红色雄鸟称"翡鸟",绿色雌鸟称"翠鸟"。翡翠颜色有红有绿,与这种羽毛红绿的美丽小鸟色彩相似,故用此美丽的鸟名来称呼这种颜色鲜艳的美丽玉石。

什么是"点翠"?

翡翠鸟的羽毛柔软且颜色艳丽,在古代被视为一种非常名贵的装饰品,用翡翠鸟的羽毛拼贴镶嵌妇女首饰,制成的首饰名称含有"翠"字,如"细翠""珠翠"等。古法将翡翠鸟的羽毛(以翠蓝色和雪青色的翠鸟羽毛为上品)拼嵌粘贴在金银制成的金属底托上,形成吉祥精美的首饰器物,这种工艺叫"点翠"。由于翠鸟是国

清 点翠凤吹牡丹纹头花 故宫博物院藏

家保护动物,现代采用染色鹅毛、同色丝带等代用品,制作传承古法且更为环保精致的点翠首饰。

翡翠名称缘起的另一种说法是,我国历代把新疆和田产的绿色软玉称为翠玉,在清朝初中叶,缅甸玉石开始大量进入中国,为了和传统的和田翠玉区别,将这种美丽而极具价值的玉石称之为"非翠",久而久之传为"翡翠"。

目前行业普遍认同的翡翠概念是基于现行国家标准对翡翠的定义:主要由硬玉或由硬玉及其他钠质、钠钙质辉石(钠铬辉石、绿辉石)组成的,具有工艺价值的矿物集合体,可含少量角闪石、长石、铬铁矿等矿物。

名称	翡翠
英文	Feicui, Jadeite
摩氏硬度	6.5~7
密度	3.34(+0.11,−0.09)g/cm^3
折射率	1.666~1.690(+0.020,−0.010),点测法常为1.66
结构	粒状/柱状变晶结构,纤维交织结构至粒状纤维结构

选购Tips

为什么个别产品是否翡翠,不同行家甚至实验室可能给出不同结论?

翡翠成分复杂,所含矿物种类及其含量比例千差万别,尽管行业对翡翠的定义基本一致,但对于主要矿物的种类及含量看法不完全相同,即使国家标准也很难给出明确的界定范围。

如果定义相对宽泛,认为翡翠是以辉石类矿物(硬玉、钠铬辉石、绿辉石)为主,含少量其他矿物,那么市场上一些不同于传统翡翠的品种(如部分墨翠、铁龙生)就可以归属翡翠。即便如此,"为主"具体是多少含量,也会因理解和把握不同造成结论不同。而如果按相对严格的定义,认为翡翠是以硬玉矿物为主的玉石,那么有些品种也就算不上翡翠了。

1.1.2 翡翠的宝石学特性

翡翠色彩绚丽而丰富,让人感受到其无穷魅力。常见的颜色有绿色、黄色、红色、紫色、青色、黑色、白色,以及各种各样的过渡色,不同的颜色在翡翠中有不同的分布特征。在珠宝界,对翡翠的一些颜色有特定称谓:"翡"指各种深浅的红色或黄色,称之为红翡或黄翡;"翠"指各种深浅的绿色,绿色又有"黄阳绿""苹果绿""葱心绿""菠菜绿"等非常生动而形象的称谓;"春"指紫色,紫色翡翠也称"紫罗兰"。

翡翠摆件

翡翠给人的感觉是尽显珠光宝气,这样的视觉感受很大程度上取决于翡翠的光泽。光泽是指物体表面反射光的能力,翡翠光泽强弱受到其矿物组成、结合方式和紧密程度以及抛光程度等的影响,翡翠的光泽直接影响其价值。当翡翠颗粒较粗、结构不够质密、抛光程度较低时,光泽会有所降低。一般翡翠常见为玻璃光泽至油脂光泽,行业内对翡翠的光泽从优到劣,有莹光、刚性光、玻璃光、蜡性光、石性光等俗称。

翡翠盈润、通透的美感大多源于透明度。翡翠的透明度主要受其组成矿物颗粒颜色、大小、形状、结合方式、排列方向及紧密程度的影响。翡翠的透明度变化范围很大,可完全不透明,也可完全透明、清澈如水。行业内翡翠的透明度级别由高到低,有玻璃地、冰地、糯化地、冬瓜地、瓷地/干白地等俗称。

翡翠挂件(图片提供/博观拍卖)

翡翠的宝石学特性在众多玉石中出类拔萃,其颜色丰富鲜艳,质地清澈温润,硬度高、亮度好、产地单一、稀缺珍贵,契合珠宝玉石美丽、耐久、稀少的属性而成为当之无愧的"玉石之王"。

1.1.3 翡翠的产地

缅甸是宝石级翡翠的主要产出国,据研究,翡翠是距今大约3500万年至6000万年前,在地壳运动产生中低温、高压力的环境下形成的。

缅甸的翡翠矿床有几百年的开采历史,产量占世界总量的90%以上。自有史料记载以来,直至20世纪90年代初期,翡翠的开采均为原始的人工挖掘,目前已经几乎是机械化开采,现代化高科技带来高效率、高产量的同时,矿区正面临资源匮乏和生态环境遭受破坏的现状。为了保护生态环境,保障翡翠资源的长期合理开采,缅甸政府加强了管理,并开始推行合理开发翡翠资源的一系列措施。

翡翠原料

缅甸翡翠的场区是依其开采年代、原石种类、地理位置、行政区等划分的区域,如龙肯场区、帕敢场区等,各个场区所产翡翠的外观颜色、质地等不尽相同。场区由若干个场口组成,场口是指开采玉石的具体地点,比如龙肯场区的铁龙生场口,产出的翡翠常呈满绿色,但透明度较低、质地疏松,多加工成较薄的饰品;而帕敢场区的木那场口,产出的翡翠一般无色透明居多,透明度较高,常见零星白色包裹体分布其中。

除了缅甸,危地马拉、日本、俄罗斯和哈萨克斯坦等地也有翡翠出产,但是这些产地与缅甸相比,产出的翡翠在产量和质量上都不具优势。

翡翠与玉?

石之美者为玉,也就是说美石可称为玉。国家标准中对天然玉石的定义是——由自然界产出,具有美观、耐久、稀少性和工艺价值,可加工成饰品的矿物集合体,少数为非晶质体。如翡翠、和田玉、岫玉、石英岩玉等。中国知名的四大名玉分别为新疆和田玉、河南独山玉、湖北绿松石和辽宁岫玉。翡翠只是众多玉里的一种,翡翠是"玉",但"玉"不一定就是"翡翠"。尽管有些玉品种外观与翡翠相似,但价值相差甚远。为防止个别不法商人利用消费者不清楚"玉"和"翡翠"的关系,国家标准明确规定,商家必须明示具体玉种,不能混淆视听而统称"玉"。

玉石如何定名?

对于天然玉石的命名,直接使用天然玉石基本名称或其矿物(岩石)名称(如翡翠、绿松石),在天然矿物或岩石名称后可附加"玉"字(如蛇纹石玉),无需加"天然"二字,"天然玻璃"除外。要注意的是:①不能用雕琢形状定名天然玉石;②不可以单独用"玉""玉石"或"商贸名称"代替某种玉石的名称,如山东地方标准中的泰山玉,应该定名"蛇纹石玉",可附加说明"商贸名称泰山玉";③和田玉与岫玉等带有地名的玉石并不具有产地意义,也就是说和田玉不意味产自新疆和田。

1.2 翡翠的颜色

颜色是翡翠最为鲜明的外部特征和极为重要的品质要素。翡翠的颜色尽管变幻无穷,但存在变化规律。了解翡翠的颜色成因类型,对认识翡翠很有意义。

1.2.1 颜色成因

翡翠的颜色主要取决于其组成矿物的颜色,颜色多样性的根本原因在于翡翠的矿物种类及其所含微量杂质元素的不同,按地质成因可以将翡翠的颜色分为原生色和次生色。

原生色(肉色)和次生色(皮色)

(1)原生色

原生色业内也称"肉色",常见白色、绿色、紫色、黑色等。根据目前研究的成果,纯净的硬玉是无色或白色的,杂质元素会使其颜色产生变化,如含铬元素可使硬玉呈现绿色,紫色翡翠与锰元素有关。

原生色

(2)次生色

次生色在业内也称"皮色",是在风化、搬运、沉积等外力作用下,翡翠的组成矿物分解或半分解,并在各种大小的裂隙、矿物晶体的微裂隙中充填了一些物质形成的颜色,常见红色、黄色、灰绿色和灰黑色。红色和黄色主要由矿物颗粒间隙的铁质化合物致色,红色和黄色常常被称为翡色。

次生色

次生色常常跟原生色叠加,有时会使一块首饰呈现绿、黄、紫等不同颜色,增加了翡翠的观赏性和价值。

1.2.2 翡翠常见颜色类别

千般翡翠万种色,翡翠是世界上颜色最丰富的玉石之一,不仅仅体现在颜色本身的多样性,还体现在颜色分布特征的多样性(颜色的分布特征又称为色形),不同颜色结合不同色形成就了多姿多彩的翡翠。常见的翡翠颜色可以分为:无色—白色系列、绿色系列、紫色系列、红色—黄色系列、黑色系列、组合色系列及其他。

(1)无色—白色系列

此系列翡翠主要由比较纯的硬玉组成,不含其他致色元素,常见白色、灰白色、无色。其中以纯净无色透明的为好,又以玻璃种、冰种为最佳,其纯净、冰莹的质地,以及加工后特有的光泽和莹润,在表现观音、佛、树叶等题材上独具魅力。

无色翡翠(图片提供/博观拍卖)

(2)绿色系列

翡翠主体颜色色调为绿色,有绿色、蓝绿色、灰绿色、油青色以及墨绿色等,绿色是最受消费者欢迎的颜色。

业内对绿色翡翠的描述也有一些专用的名词,比如祖母绿色、翠绿色、黄阳绿色、葱心绿色、金丝绿色等。绿色在翡翠中常呈脉状、网脉状和浸染状分布,这种分布形态俗称"色根"。

浅绿色翡翠　　　　　　　　艳绿色翡翠

(图片提供/博观拍卖)

(3)紫色系列

翡翠主体颜色色调为紫色。翡翠的紫色又称"紫罗兰"或"春"色,是除了绿色以外另一种很有价值的颜色。紫色按照色调分为正紫色、红紫色和蓝紫色。紫色在翡翠中分布比较广,但紫色常常比较浅,成片分布,与白色界限模糊,不具有脉状特征。

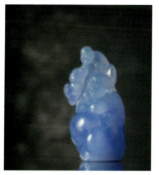

　　　　蓝紫色翡翠　　　　　　　　红紫色翡翠

（图片提供/博观拍卖）

(4)红色—黄色系列

　　翡翠主体颜色色调为红色—黄色。红色—黄色翡翠俗称"翡"，常见红翡和黄翡。红翡的颜色常见红色、棕红色、褐红色；黄翡的颜色常见黄色、棕黄色、褐黄色。红色和黄色可以伴生出现，一般来说，这两种颜色都是次生色，与油青色类似，在矿物颗粒间隙和小裂隙中浓集。

　　　　红翡　　　　　　　　　　黄翡

（图片提供/博观拍卖）

(5)黑色系列

黑色翡翠指呈深墨绿到黑色的翡翠,其中质地最好的是绿辉石质的墨翠。墨翠以黑中透绿为特点,表面看起来为黑色,强光透射则显绿色。黑色庄重深沉,传统文化中,常常认为黑色有辟邪镇宅、驱凶纳吉的作用,故黑色翡翠常被加工成宗教题材的精美雕件,如观音、佛、钟馗等。

(6)组合色系列

一块翡翠同时出现两种或两种以上颜色属于组合色系列,通常可见绿色、紫色、黄色等相互组合,翡翠的不同颜色组合也有特定的寓意。黄加绿——同时具有黄色、绿色两种颜色的翡翠,谐音"皇家玉";春带彩——紫色、绿色、白色相掺,有春花怒放之意;福禄寿——红色、绿色、紫色同时存在于一块翡翠上,象征吉祥如意,代表福、禄、寿三喜(红、黄、绿三色的组合与黄、绿、紫三色的组合也可称为福禄寿翡翠)。

墨翠
(图片提供/博观拍卖)

黄加绿翡翠

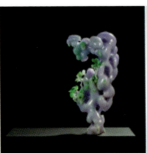

春带彩翡翠
(图片提供/博观拍卖)

福禄寿翡翠

1.3 翡翠的种类

翡翠在民间有三十二水、七十二豆、一百零八蓝之说,其品种复杂性可见一斑。"千种玛瑙万种翠",翡翠的种类繁多,分类方式也不尽相同。

1.3.1 常见分类方式

行业内常常按照翡翠矿物组成特点、开采翡翠的具体地点(场口)、材质属性、颜色、种质俗称等进行分类。

(1)按矿物组成

翡翠并非单一矿物组成,它主要由辉石类矿物、少量闪石类及钠长石等矿物组成。根据矿物组成可以分为硬玉质翡翠(大部分翡翠品种:玻璃种、冰种、油青种、飘兰花、白底青等)、钠铬辉石质翡翠(如干青种)、绿辉石质翡翠(如墨翠)。

(2)按场口

行业商贸中常常会按照场口(开采玉石的具体地点)对翡翠进行分类。
老坑:指代高档翡翠,指颜色符合"浓、阳、正、和",透明到半透明的翡翠。兼具透明度高则称"老坑玻璃种"。最早行业内认为河床等次生矿床中采出来的翡翠比原生矿中的更成熟、更好,高档的翡翠更多。
新坑:与老坑对应,指结晶颗粒较粗、价值较低的翡翠,采自原生矿。但事实上原生矿也有品质好的翡翠产出,不能以此来判定翡翠品质。
还有直接以出产矿石的场口名称命名的翡翠,如"铁龙生""木那"。

(3)按材质属性

按翡翠是天然材质,还是经过后期优化处理等进行分类。我们将在第2章中详细介绍。

(4)按颜色

翡翠按颜色分类参见1.2.2翡翠常见颜色类别。

(5)按俗称

行业商贸长期以来惯用的分类方法,是按翡翠的颜色、结构、透明度、出产的场口等对翡翠品质的综合影响来分类,如"白底青""飘兰花"等。

1.3.2 翡翠常见种类

翡翠的种类繁多复杂,商贸中行家往往将特定特征翡翠归类命名,以区别其他的品种。命名的依据常常是翡翠的颜色特征、结构与透明度、出产的场口以及发现时间等。商贸中广泛流传使用的这些俗称命名,实际上也反映了特定的品质要素组合。这些俗称之所以能够广为流传应用至今,是因为其不仅通俗形象,而且客观合理,因此得到了市场的广泛认可。具体详见3.1.6翡翠的种与品质特征。

本章节根据翡翠常见颜色,结合行业品种的俗称,对翡翠常见种类做简单归类介绍。

(1)绿色翡翠

翡翠中的"翠",指的就是绿色翡翠,指主体颜色色调为绿色的翡翠,是翡翠中富有价值、极具魅力的品种。

"老坑玻璃种"是其中最稀少、最高档的品种。

翡翠挂件(老坑玻璃种)

(2)翡色翡翠

翡翠中的"翡",指的就是翡色翡翠,指呈红、黄、褐色调的翡翠。红黄色调为喜庆高贵的色调,其中水种色俱佳的翡翠也备受欢迎,价值不菲。

翡翠手镯(黄翡)

(3)紫罗兰色翡翠

"紫罗兰"指紫色的翡翠,有紫气东来的寓意,是具有除了绿色以外另一种很有价值的颜色的翡翠。

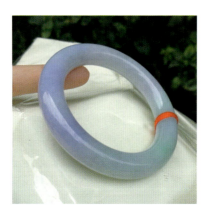

翡翠手镯(紫罗兰)

(4)白底青翡翠

白底青翡翠底色为白色,鲜艳的绿色分布在白色底色上,颜色对比很鲜明,质地往往比较细腻但透明度不佳。

翡翠手镯(白底青)

(5)花青翡翠

花青翡翠主体呈现绿色,颜色分布不均匀,像花布一样,质地可粗可细,颜色往往过深。

翡翠手链（花青）

(6)飘兰花翡翠

飘兰花翡翠底色无色至白色，蓝色或者绿色以丝带状、脉状、点状、团块状分布其中，有灵动飘逸之感。

翡翠手镯（飘兰花）

(7)墨翠

墨翠是指表面为黑色，透光下为绿色的翡翠，一种是墨绿色绿辉石翡翠，另一种是墨绿色钠铬辉石翡翠。市场上有一种类似黑色翡翠的黑色角闪石岩，俗称"黑吃绿"，要注意区分。

翡翠挂件(墨翠)

(图片提供/博观拍卖)

(8)铁龙生翡翠

"铁龙生"又称"天龙生",在缅甸语中是"满绿"的意思,也是缅甸一个翡翠矿场所在地名。铁龙生呈翠绿色,常为满绿,大部分水头差,颗粒粗,结构疏松,微透明到不透明,夹杂黑色斑点。

翡翠挂件(铁龙生)

(图片提供/袁心强)

(9)干青翡翠

干青翡翠颜色为绿色—深绿色,厚度大者呈黑色。色浓满但不均匀,常含黑色斑点,大多质地粗糙,透明度差,常加工成小件或薄片,以增强通透感。干青翡翠矿物组成复杂,钠铬辉石含量较高,常见金属光泽的包裹体。

翡翠摆件(干青)

(图片提供/亓利剑)

(10)八三玉

原指1983年在缅甸发现开采的新玉矿,也有指缅甸北部叫"巴山"的地方出产的新玉矿。常见灰白、淡绿、淡紫色,可见淡绿、黑色的斑块或条带,不透明,质地粗且疏松,光泽不够,常用来加工B货翡翠。现在用来指质地差的翡翠,常被认为是B货翡翠。

翡翠挂件(八三玉)　　翡翠处理挂件(八三玉B货)

(图片提供/袁心强)

1.4 翡翠的价值元素

翡翠与祖母绿同为5月诞生石,象征着幸福、幸运、长久。翡翠传入中国时间虽不久远,却为消费者广为追捧,迅速风靡华人世界,并逐渐出现在国际珠宝舞台,成为"玉石之王"。翡翠之所以能得到这样的价值认同,不仅仅与其宝石学特性相关,还与其稀有性和中国传统文化相关。

(1)美观性

翡翠的颜色丰富,透明度高,质地温润清澈,硬度高、光泽强、亮度好,其外观美丽是其他宝玉石难以比拟的。

(2)稀有性

翡翠的产地单一,宝石级的翡翠仅仅在缅甸产出。随着多年来不断的开采,优质的翡翠更是越来越少,作为不可再生的矿物资源,翡翠珍贵、稀缺,具有极高的商业价值和升值空间。

(3)耐久性

翡翠的物理化学性质稳定,适合保存收藏。

(4)工艺价值

古人云,玉不琢不成器。玉雕技艺,历经七千多年发展传承,量料取材、因材施艺、设计题材、俏色巧雕等,凝结了中华民族的智慧与辛勤,赋予翡翠完美的艺术表现,成为体现翡翠价值的重要组成部分。

(5)文化价值

玉,不仅具有天然美质,更是君子高尚品格的象征,故出现"君子比德于玉""君子佩玉，无故不离身"的尚玉之风。翡翠的天然属性与人文精神完美结合，成为中国玉文化的主流。在政治、经济、科学、文化蓬勃发展的今天，翡翠已成为具有很高文化价值的艺术品，人们用翡翠装点生活、陶冶情操。

1.5 爱翠故事

在中国历史上，有两位女性对中国近现代风云产生过巨大影响，同时她们对翡翠饰品的极致钟爱，推动了国人对翡翠的追崇，她们就是慈禧太后和宋美龄。

翡翠自明末由缅甸传入中国之后，其艳丽多彩的颜色、晶莹耐久的质地，深受王公贵族喜爱，因此，翡翠也被称为"皇朝翠玉"。

慈禧太后对翡翠的热爱达到了几乎疯狂的地步，在她居住的长春宫里随处可见各种翡翠玉器用品。饮茶用的是翡翠盖碗儿，用膳用的是翡翠玉筷，头发上插的是翡翠簪子，手指上戴的是翡翠戒指，手里经常把玩的是一颗翡翠白菜。因为慈禧太后对翡翠的格外推崇，这个来自缅甸的玉石一时间在大清王朝境内变得身价百倍，名声大噪。清朝的王公贵族们都为自己能得到一两件品质好的翡翠物件而感到无比的荣耀。

慈禧太后的翡翠发簪

宋美龄是个爱翠如痴之人。宋美龄一生最爱的珠宝是翡翠，其中最名贵的一个当属翡翠麻花手镯。据说这对翡翠手镯是宋美龄夺人所爱而获得。在风云变幻的20世纪30年代，北京的一位翡翠大王入手了一块品质极好的翡翠原石，将这块翡翠原石精雕细琢成了一对翡翠手镯。这对翡翠手镯款式新颖，种水极佳，绿色浓溢。这样一对巧夺天工的极品翡翠手镯最终被杜月笙以4万大洋买下来，送给了夫人孟小冬。一次，宋美龄见到了孟小冬的翡翠手镯，一见倾心，爱不释手，如此一来，孟小冬只能忍痛割爱送给宋美龄。就这样，宋美龄得到了这对稀世珍品，并随身配搭，呵护有加。除了这对翡翠麻花镯，宋美龄还有一只翡翠马鞍戒、一条翡翠项链和一对翡翠耳坠。她经常佩戴这翡翠四件套出席各种活动。1993年，美国国会纪念二次世界大战50周年的酒会上，96岁的宋美龄女士佩戴这套首饰，依然高贵优雅、端庄雍容。

宋美龄女士

2 翡翠鉴别

翡翠鉴别包括两方面：一，是翡翠，还是其他相似品；二，是天然翡翠，还是经过了人工优化处理。

通过对珠宝玉石的优化处理以提高其观赏性由来已久，以假充真的方法也越来越多。下面从翡翠常见相似品、翡翠优化处理、翡翠鉴别方法来说明如何鉴别翡翠真假。

2.1 翡翠与常见相似品

鉴别翡翠，首先要将翡翠与其他相似品区分开来。翡翠市场上，常见的相似品主要有石英质玉、和田玉、钠长石玉、蛇纹石玉、独山玉、葡萄石、钙铝榴石玉、玻璃等。

2.1.1 石英质玉

石英质玉的种类繁多，其中的玛瑙、玉髓、东陵石等可与翡翠混淆，有些黄龙玉则跟黄色翡翠外观相似。所有的石英质玉无翡翠特有的"翠性"，折射率、相对密度低于翡翠，用手掂重较翡翠轻飘。石英质玉性脆，边缘常见崩口或毛边，一般雕刻粗糙，工艺粗劣。

东陵石手镯

2.1.2 和田玉

和田玉是我国传统玉石品种,其中有些白玉、青玉和碧玉与翡翠的外观较为相似。与翡翠相比,和田玉的颗粒更为细小,外观更为细腻,油脂光泽,无"翠性",颜色分布均匀,具有典型的"毛毡状"结构,折射率和密度均小于翡翠,吸收光谱也与翡翠完全不同。

白玉手镯　　　　　　　　碧玉手镯

2.1.3 钠长石玉(水沫子)

钠长石玉又称"水沫子",是以钠长石为主的玉种,与翡翠伴生(共生),常呈无色、灰白色、白色,内部常见团块状或絮状蓝绿色矿物,透明度高,可见"白棉",外观与冰种或冰种飘兰花翡翠极为相似,被称为翡翠的"四大杀手"之一。钠长石玉为粒状结构,无"翠性",光泽弱,相对密度、折射率、硬度均低于翡翠。

钠长石玉(水沫子)手镯

2.1.4 蛇纹石玉

蛇纹石玉手镯

蛇纹石玉颜色多样,以黄绿色、青绿色为主,又称岫玉,陕西蓝田产的蛇纹石化大理石玉称为"蓝田玉"。有些蛇纹石玉与翡翠外观相似,部分种水好的岫玉戒面可被用于冒充冰种翡翠戒面。蛇纹石玉的绿色带有典型的橄榄绿色调,结构细腻,光泽较弱,相对密度、折射率、硬度均低于翡翠,无"翠性"。

2.1.5 独山玉

独山玉产自河南南阳独山地区,又称"南阳玉"。颜色丰富,常有多种颜色共生,绿色中常夹杂黑色、紫色等,色不均,有粗糙斑杂感。相对密度、折射率变化范围比较大,有些品种与翡翠外观相似。绿色独山玉颜色偏蓝偏灰,不够鲜艳,少见翡翠中鲜艳的翠绿色品种。无"翠性",在查尔斯滤色镜下变红。

独山玉佛公
(图片提供/袁心强)

2.1.6 葡萄石

葡萄石因外表结晶像葡萄形状而命名,具有放射状纤维结构。葡萄石颜色均匀,大多有黄色调或蓝色调。相对密度、折射率、硬度均低于翡翠,无"翠性"。

葡萄石挂件

2.1.7 钙铝榴石玉

钙铝榴石玉是石榴石中的一种,又称"不倒翁""青海翠",其集合体常常呈绿至蓝绿色、黄色、白色、无色,半透明的绿色钙铝榴石玉的色调和质地与翡翠非常相似。钙铝榴石玉的折射率、相对密度均高于翡翠,粒状结构,表面有时具有黑色斑点;绿色多呈斑点状或条带状;水头较差,多呈微透明—半透明,无"翠性",绿色在查尔斯滤色镜下呈红色。

钙铝榴石玉
(图片提供/袁心强)

2.1.8 玻璃

玻璃仿翡翠,业内常称为"料器",在所谓的旧翡翠中常常见到。主要特征是颜色均匀,有时可见流纹状色带,内部有小气泡,可见贝壳状断口。更具欺骗性的是脱玻化玻璃仿翡翠,非晶质的玻璃部分"重结晶",肉眼看上去类似棉状物,形如晶质集合体。但这种脱玻化玻璃折射率远低于翡翠,在实验室易于区分。

玻璃仿翡翠

翡翠的各种石英质玉相似品及俗称

染色石英岩　　　　玛瑙　　　　绿玉髓

东陵石　　　　密玉　　　　贵翠

染色石英岩玉俗称"马来玉",绿色翡翠仿品。染料沿石英颗粒间隙呈网状分布(丝瓜瓤状结构),绿色均匀呆板不自然,粒状结构,折射率及相对密度低于翡翠,在查尔斯滤色镜下变红。20世纪80年代曾经蒙骗了不少人,以为它是"难得的高档翡翠",现在偶见于旅游市场及小摊贩。

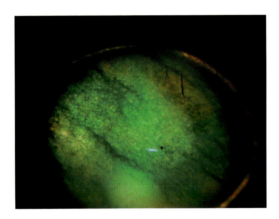

染色石英岩的丝瓜瓤状结构

(图片提供/袁心强)

玛瑙是隐晶质石英质玉,可见条带状生长纹,颜色比较均匀。

绿玉髓又称"澳玉""澳洲玉",因盛产于澳大利亚而得名,是隐晶质石英质玉,颜色均匀,为典型的苹果绿色,比较单调没有混色,常见做成戒面或者珠链。

东陵石是含有铬云母片的石英岩,具有"砂金效应",在查尔斯滤色镜下变红,以此区别于翡翠。

密玉是产自河南省密县的石英岩,颜色分布均匀,绿色密玉在查尔斯滤色镜下变红。

贵翠是产自贵州的石英岩,粒度较细,但透明度不好,颜色为天蓝色和浅蓝绿色,在查尔斯滤色镜下变红。

黄龙玉是黄色石英质岩,具有粒状结构,外观易与黄色翡翠混淆。

东陵石的砂金效应

黄龙玉

摩西西

摩西西源于缅甸翡翠矿区地名,以钠长石为主要矿物,同时含有较多的钠铬辉石等,称钠铬辉石钠长石玉。摩西西为外观与翡翠相似,且与翡翠有共生成因的一种玉石,但不是翡翠。一般外观呈带有黑色斑块的翠绿色,透明度低。

摩西西
(图片提供/袁心强)

2.2 翡翠的优化处理

国家标准《珠宝玉石 名称》(GB/T 16552—2017)中对优化处理是这样表述的:除切磨和抛光以外,用来改善珠宝玉石的颜色、净度、透明度、光泽或特殊光学效应等外观及耐久性或可用性的所有方法,分为优化和处理两类。

2.2.1 翡翠的优化

翡翠的优化,是指传统的、被人们广泛接受的,能使翡翠潜在的美展现出来的方法。

所谓"玉不琢不成器",翡翠加工过程中的一些传统工艺,如过酸梅、过灰水、上蜡、焗色等,在行业内广为人知,并不影响翡翠耐久性。这些方法长期以来为翡翠行业和消费者所接受,在国家标准中归为优化,可以不标注说明,直接称"翡翠"。

焗色

焗色是指在加热条件下,将天然翡翠原有的黄色、棕色、褐色等转变为红色。这种方法形成的颜色稳定,没有人为添加染色剂,属于优化,可以直接标称"翡翠",为行业内俗称的 A 货翡翠。

焗色翡翠

(图片提供/袁心强)

2.2.2 翡翠的处理

翡翠的处理,是指非传统的、尚不被人们接受的,增强翡翠美感的方法,如染色、酸洗充胶、覆膜等。颜色不好、透明度低的天然翡翠经过处理后可改善颜色和透明度,从而增加其美学价值和商业价值,影响其结构和耐久性。翡翠的处理一般分为充填处理、漂白充填处理、染色处理。

经过处理的翡翠尽管外观与天然翡翠十分相似,但价值相差甚远。为了维护行业的健康发展,保护消费者的合法权益,根据国家标准要求,经过处理的翡翠必须在交易过程中以及鉴定证书中标明"翡翠(处理)""翡翠(染色)"或者"翡翠(充填)"。

翡翠 A 货、B 货、C 货和 B+C 货

A 货翡翠:

行业内,未经处理的天然翡翠俗称为 A 货翡翠,包括一些经过优化的翡翠。

B 货翡翠:

制作 B 货翡翠目的是改善净度、提高透明度、固结裂隙。B 货翡翠分"充填"翡翠和"漂白、充填"翡翠两种。按现行国家标准称"翡翠(处理)"。红外光谱是其鉴定的有效手段。

"充填"翡翠:指将蜡、人工树脂等固化材料灌注到疏松或多裂隙的翡翠饰品,以改善或改变其外观和耐久性(需要说明的是,浸蜡处理是翡翠加工中的常见工序,轻微的浸蜡处理不影响翡翠的光泽和结构,属于优化,严重的浸蜡或者漂白后浸蜡则属于处理)。

"漂白、充填"翡翠:对地子不好的翡

翡翠(处理)手镯(俗称 B 货翡翠)

翠进行漂白处理（用强酸浸泡以清除地子中的褐黄色或灰色），再将人工树脂等固化材料灌注到翡翠中经酸液侵蚀而出现的空间，以达去除杂质、改善外观的目的。翡翠行业内更多的是指这类 B 货翡翠。

尽管 B 货翡翠具有较好的外观，但由于结构遭到破坏，耐久性会下降，不再有收藏价值。

C 货翡翠：

制作 C 货翡翠目的是改善翡翠的颜色。经过人工染色将无色或者浅色的翡翠变成漂亮的绿色、红色或紫色，以冒充优质翡翠。通常选用颗粒粗大、有一定孔隙度的低档翡翠，在一定条件下将染料注入其中。按现行国家标准称"翡翠（处理）"，或"翡翠（染色处理）"，或"染色翡翠"。

翡翠（处理）戒面（俗称 C 货翡翠）

B+C 货翡翠：

B+C 货翡翠综合了 B 货和 C 货的处理方法，是指经过漂白、充填、染色处理后的翡翠。

翡翠（处理）挂件（俗称 B+C 货翡翠）

（图片提供/亓利剑）

翡翠的优化处理除了上述常见的外,还有使用有色抛光粉、覆膜等其他方法。

利用有色抛光粉对翡翠进行抛光可以增加其颜色,一般用于低档的翡翠手镯,仔细观察可以看到抛光粉的颗粒浮于表面,并且在裂隙中聚集。

覆膜翡翠又称"穿衣翡翠",是通过在无色或浅色、透明度和质地较好的翡翠表面上覆盖一层绿色的薄膜,以改变其颜色,仿冒高档绿色翡翠。覆膜翡翠的耐久性较差,薄膜容易脱落。

可见有色抛光粉的翡翠手镯

(图片提供/袁心强)

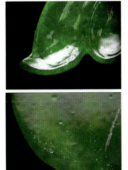

覆膜翡翠

(图片提供/亓利剑)

另外,市场偶有拼合翡翠的存在。拼合翡翠是指由两块(或以上)翡翠或翡翠与其他材料经人工拼合而成,给人以整块翡翠的感觉,通常用来冒充中高档翡翠,腰棱处可见黏合缝和气泡,颜色有分层现象,市场上不多见。

2.3 翡翠的鉴别方法

掌握翡翠基本鉴别特征的专业人士,往往在肉眼观察(必要时配合放大镜和手电筒)的基础上能给出大致鉴别结果,再适当借助宝石鉴定仪器设备,运用现代分析测试技术,给予准确定名。

普通翡翠爱好者也可以通过适当的了解学习,掌握一定的鉴别知识和方法,通过仔细观察找到一些有效的翡翠鉴别特征,如果再辅助以简单鉴定仪器,会更加准确。

2.3.1 肉眼鉴别

肉眼鉴别是指通过眼睛观察翡翠而确定翡翠的某些特征,是翡翠鉴定的基础。肉眼观察的内容包括翡翠的光泽、色形、内含物等。

(1)光泽

翡翠给人的感觉是水润、通透的,这样的视觉感受源于翡翠良好的透明度和光泽度。翡翠相对其他玉石硬度大,清澈透亮,常呈玻璃光泽,对于质优种好的翡翠会呈现更强的刚性光泽,甚至出现莹光(也有称荧光),表现为玉饰的周围形成一圈光晕,随着玉饰的摆动或光线的变化而游移,呈现晶莹的亮光,也称"起莹(光)"。翡翠光泽往往强于其他相似玉石品种,如软玉、岫玉通常呈油脂光泽。

(2)色形

翡翠的颜色常以丝状、条带状、团块状、点状、片状色形分布,且从中心的点或线由深浓过渡到浅淡,就像是翡翠颜色的根一样,因此行业内将这些颜色比较集中的地方称为"色根"。色根常见的色调有绿色、蓝色、黑色和紫

"起莹"的翡翠手镯

色。色根是翡翠多晶结构特性形成的颜色表现,可以作为肉眼鉴别翡翠的参考依据,但特别要注意,并不是所有的翡翠都有色根,比如玻璃种、芙蓉种等透明度好且颜色均匀的高档翡翠就看不到色根,或者说就没有色根。

翡翠不同的颜色具有不同的分布特点,如紫色颜色比较浅,一般成片分布,呈团块状,与白色界线模糊;红色、黄色属于次生色,一般会分布在组成矿物颗粒的间隙中,形成典型的树根状色形;飘兰花翡翠中的灰绿色团块形态不规则,呈丝状、飘带状分布在白色翡翠中,与白色部分界线清晰。

绿色呈带状色形

(3)内含物

翡翠中常见的内含物(包裹体)有助于翡翠的鉴别。如"石花""石棉"是指翡翠中团块状的白色絮状物,具有放射状分布的特点;翡翠中也常见黑点状内含物,是铬铁矿的残余,一般呈零星分布。内含物比较小的情况下可借助放大镜观察。

翡翠的"石棉"

(4)"打手"现象

翡翠的密度大于其相似的绝大多数玉石,用手掂量,翡翠较重,称"打手"。有条件的情况下,翡翠的相对密度可以采用静水称重法测量。

2.3.2 放大观察

放大观察是肉眼鉴别的进一步扩展,可以观察到肉眼无法看到的翡翠内外部的某些细微特征,是鉴别翡翠的重要方法之一。观察内容主要包括翡翠的"翠性"、结构、橘皮效应等现象。

(1)"翠性"

翡翠以硬玉为主要矿物成分,在反光下借助放大镜,可在翡翠的成品表面见到点状、线状及片状闪光,这些闪光是由硬玉解理面反光造成的,业内称为"翠性",这些闪光又很像苍蝇的翅膀,故俗

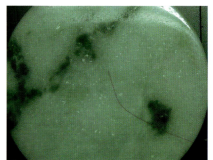

翡翠的"翠性"

称"苍蝇翅"。"翠性"是鉴别翡翠真伪的重要特征之一,但并不是所有的翡翠都有"翠性",翡翠的矿物颗粒越粗大,"翠性"就越明显,当翡翠的结构十分细腻时,抛光后的"苍蝇翅"很难发现。玻璃种、冰种翡翠中几乎看不到"翠性"。

(2)结构

结构是指组成矿物的颗粒大小、形态及结合方式。翡翠的组成矿物颗粒呈柱状,在颗粒粗大、透明度不好的翡翠中很容易观察到颗粒的大小和形态特征。偏光显微镜下可见翡翠的纤维交织结构或柱粒状结构,这种结构特征是翡翠有别于其他玉石品种的重要特征之一。

(3)橘皮效应

翡翠矿物晶体的硬度具有方向性差异,这种差异硬度导致抛光后的成品翡翠表面常产生凹凸不平的现象,叫作橘皮效应(也称微波纹)。橘皮效应是否明显取决于翡翠颗粒的大小、结合方式以及抛光水平。橘皮效应明显时,肉眼可以观察到;不明显时可以借助放大镜或显微镜在反光下进行观察。当翡翠的结构十分细腻时,橘皮效应很难发现。

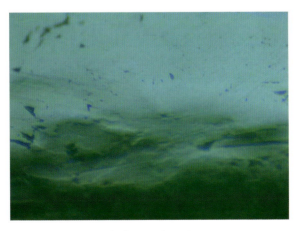

翡翠的橘皮效应

2.3.3 仪器鉴别

要对翡翠进行准确鉴别,往往还需要借助一些仪器设备。通过测试一些参数和特征,如折射率、吸收光谱、荧光特征、滤色镜观察等,来综合判断翡翠属性。

随着现代检测技术的发展,红外光谱仪、激光拉曼光谱仪、阴极发光仪等大型仪器设备,越来越多地运用到翡翠的研究和鉴定中。

作为普通消费者,需要准确判断翡翠真伪时可以向当地的专业珠宝检测机构寻求帮助。

处理翡翠的鉴别特征

B货翡翠:常见漂白充填处理翡翠。因为B货翡翠经过强酸强碱浸泡腐蚀,结构变得松散,颗粒界线模糊,反射光下可见表面出现"沟渠状"或"蛛网状"的酸蚀网纹(又称"龟裂纹")及酸蚀凹坑。光泽由玻璃光泽向树脂光泽(蜡状光泽)转化。注胶量越大,树脂光泽(蜡状光泽)越明显。颜色不自然,底色变白,绿色有漂浮感。密度和折射率比天然翡翠略低,具有荧光反应。在鉴别翡翠手镯的时候有时会敲击判断,B货翡翠轻轻敲击会发出沉闷的声音,而A货翡翠声音清脆。

B货翡翠的充填特征　　　　B货翡翠的酸蚀网纹

C货或B+C货翡翠：即染色处理翡翠。颜色往往过于鲜艳，呆板不协调，放大观察颜色沿颗粒边缘或裂隙呈丝网状分布，整体外观有胶状感，内部颗粒间隙模糊，底色干净，没有脏色。

红外光谱仪等仪器设备可以对B货、C货、B+C货等处理翡翠准确鉴别。

染色翡翠的颜色分布特征

2.4 翡翠的鉴定证书

宝石优化处理技术日新月异，翡翠的处理手段和仿制品也层出不穷，鉴定难度日益增加。对于普通消费者而言，能分辨出翡翠真假的毕竟还是少数，我们能信赖的还是权威珠宝鉴定机构提供的鉴定证书。珠宝鉴定证书是由符合鉴定资格的专业机构和专业人士出具的对珠宝首饰真假属性的公信证明，是每件宝石所独有的"身份证"。普通消费者除了选择有信誉的商家购买外，索取权威的翡翠鉴定证书也很重要。

翡翠鉴定证书当中也有不少学问，学会看证书可参考以下几个方面。

（1）标志

国家对珠宝玉石鉴定机构有着严格的资质认定，只有通过认定，出具的鉴定证书才有法律效力。鉴定证书的CMA、CNAS标识，体现了该机构的合法性和权威性。

（2）参数指标

目前鉴定证书尚无统一格式，证书上常见密度、折射率、光性特征、吸收光谱等参数指标，以及放大条件下观察到的一些特征，这些是判定该宝石是翡翠的依据。

(3)检测结论

翡翠鉴定证书中检验结论是最应该关注的。根据国家标准规定，天然翡翠不用标明"天然"二字，直接定名"翡翠"。而经过人工处理的翡翠必须明示，如翡翠(处理)/充填处理翡翠/染色翡翠。

(4)证书验真

谨防拿到没有取得鉴定资格的商业机构售卖的虚假证书。一般证书上都会标注检验机构的联系方式与查询网址，以便消费者查询了解所购翡翠的相关信息，同时防止被制假证。鉴定证书上应该有鉴定者、审批者和机构印章等相关内容。

(5)确认货证一致

确认选购的翡翠是否和证书所描述的产品一致，以免张冠李戴、弄虚作假。可以通过照片与产品的外观、实物质量和证书上的质量等信息的一致性加以验证。

证书与品质

翡翠鉴定证书上常见一些参数指标，以及放大镜下观察到的一些特征，这些都是判定该宝石是翡翠的依据。特别要提醒大家的是，鉴定证书只能判断翡翠的真伪，与翡翠品质档次无关，并不能依此确定其价值高低。特别要注意证书备注栏目的内容表述，有时实验室会对该货品的不确定性或者特殊事项在此作出声明。

翡翠的鉴定证书

❸ 翡翠价值评价

所谓"黄金有价玉无价""神仙难断寸玉",说的是翡翠等玉石制品的价值评价会因人因时因地而异,没有像钻石分级一样的科学、量化且便于操作的分级标准体系,同一件货品,即便行家估值,有时也可能结果相去甚远。但是翡翠价值评价的不确定性,不代表翡翠就没有一个客观的价值评价依据。俗话说:"不怕不识货,就怕货比货。"当两件翡翠放在一起,尽管各人评价角度和喜好不同,但综合估值孰高孰低基本一致。

高档的翡翠必须有色有种,所谓"有色",主要指翡翠中的翠绿色,要求绿得越鲜艳越好;所谓"有种",主要指翡翠质地细腻润滑、通透清澈、光泽晶莹。

不同品质的翡翠价值差别很大,其内在品质决定其价值,进而决定其价格。对翡翠进行价值评价尽管十分困难,但极为重要。

行业许多专家为翡翠科学的价值评价做了大量努力,如欧阳秋眉提出的"4C2T1V"翡翠评价体系,即颜色(Colour)、工艺(Craftsmanship)、瑕疵(Clarity)、裂纹(Crack)、种(Transparency)、质(Texture)、大小(Volume);中国地质大学(武汉)珠宝学院袁心强教授提出翡翠评价六要素,即颜色、质地、净度、种、工艺和质量;2009年国家发布了《翡翠分级》标准,该标准规定了天然的未镶嵌及镶嵌磨制抛光翡翠的分级规则,对市场上常见的无色、绿色、紫色、红—黄色翡翠,从颜色、透明度、质地、净度四个方面进行级别划分,同时对其工艺进行评价,在具体分级中引入标样、色卡、透过率等客观可溯源指标,尽可能减少人为不确定因素的影响。这些工作,在一定程度上对翡翠的价值评价具有指导意义,但在实际市场应用推广上仍然存在不足。

可以说,市场上至今仍然没有一套广泛认可的科学且实用的品质评价体系。

翡翠从采石、赌石、开料到加工都充满了传奇色彩,长期以来,玉石商家在实践中总结出一系列描述与评价翡翠质量的民间传统经验和行业俗语。这些俗语给翡翠披上了一层神秘面纱,行内人心领神会,行外人云里雾里。了解翡翠行业俗语,对贴近市场、了解翡翠、掌握价值评价技巧很有意义。

无论是专业专家还是业内行家,都确认决定翡翠价值的因素,综合反映在颜色、透明度、质地、净度、工艺、质量大小等几个方面,涉及行业中常提及的"色""种""水""地""工"等俗称。

在此,我们结合长期从事翡翠鉴定研究和经营实践的经验,从翡翠玉质品质和加工工艺等方面分析探讨翡翠的价值评价。

3.1 翡翠玉质品质评价

翡翠的颜色、质地、透明度、净度、质量大小等因素,直接影响玉质品质。

影响翡翠玉质品质的不同因素之间有内在的联系,相互影响。一般来说,组成翡翠矿物颗粒越小,结构越致密,透明度也就越好;透明度越高,对颜色的映衬越好,看起来也就越鲜活灵动;半透明的翡翠,最有利于颜色的扩展,由于翡翠颗粒的反射,把颜色映衬到无色或浅色区,看起来颜色更丰满;净度对透明度和质地的影响更是显而易见。

3.1.1 颜色评价

所谓"色差一等,价差十倍",说的就是颜色在翡翠价值中的重要性。

翡翠的颜色在整个玉石种类中最为丰富,主要有绿色、红色、黄色、紫色、青色、黑色、无色等,以及各种各样的过渡色和组合色。

绿色生机盎然,红色热情似火,黄色雍容华贵,紫色典雅祥和,黑色端庄凝重,无色晶莹剔透,都令爱好者和收藏家为之着迷。

(1) 颜色评价要素

在《翡翠分级》国家标准中,对常见的绿色、紫色、红-黄色翡翠,从色调、彩度、明度三个要素对颜色进行分级评价。具体采用比色法,将翡翠同色卡或已标定色调类别、彩度级别、明度级别的翡翠标样进行比对而分级。

✦ 色调

色调指翡翠的红、黄、绿、紫等颜色特征。一般将白光分解出来的红、橙、黄、绿、青、蓝、紫七色光和黑、白色调定为正色,偏离这种颜色就称为偏色。

绿色翡翠含有其他微量元素,常带有黄色调、蓝色调甚至灰色调。

根据绿色翡翠色调的差异,可以将其划分为绿色(微蓝)、绿色、绿色(微黄)三个类别。绿色翡翠混有黄、蓝等色调的,会降低其美感,从而降低其价值。

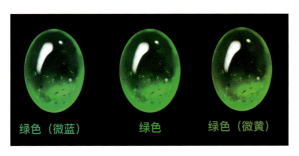

翡翠的色调

✦ 彩度

彩度即翡翠颜色的浓淡程度。

翡翠彩度级别由高到低依次表示为极浓（Ch_1）、浓（Ch_2）、较浓（Ch_3）、较淡（Ch_4）、淡（Ch_5）。如绿色翡翠的彩度"浓"，指反射光下呈浓绿色，浓艳饱满，透射光下呈鲜艳绿色。

绿色翡翠颜色不一定越深越好，以浓和较浓为佳，即不浓不淡较适中，很深或浅淡则欠佳。而对黄色、红色、紫色和黑色类翡翠则一般是越浓越深越好。

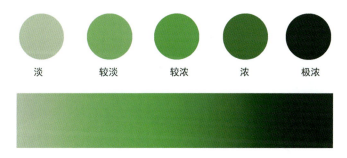

翡翠的彩度变化（绿色）

✦ 明度

翡翠的明度是指翡翠颜色的明暗程度。

翡翠明度级别由高到低依次表示为明亮、较明亮、较暗、暗。明度"明亮"，是指基本察觉不到灰度，质量最好。若颜色暗淡，带明显灰度，则定为"暗"，会降低翡翠的价值。

此外，翡翠颜色一般是越均匀越好，或者局部与周围的颜色能够互为协调、互为映衬为好。一些富有文化内涵的组合色也会提升翡翠的价值，比如春带彩、福禄寿等。

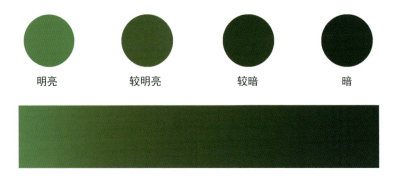

翡翠的明度变化（绿色）

翡翠手镯（春带彩）

翡翠手镯（福禄寿）

颜色以满色最为贵重，或以位于醒目处为佳。

"浓、阳、正、和"

"浓、阳、正、和"这四个字高度概括了翡翠的颜色要素。"浓"是指颜色的饱和度高，饱满、浓重，如翠绿色，业内俗称"色辣"；"阳"是指颜色明度高，鲜艳明亮，如绿中偏黄的黄杨绿；"正"是指颜色色调纯正，不含杂色；"和"是指颜色柔和均匀。

（2）影响颜色的因素

影响翡翠颜色的因素包括光源、背景、厚薄、底色、光泽、透明度与质地（种水）等。

✦ 光源

翡翠的颜色在不同的光源下产生不同的变化。在带黄色调柔和的灯光下，绿色翡翠会更娇艳莹润，紫色翡翠也会更浓艳诱人。所以销售翡翠的柜台一般都会使用黄色调光源照明，使翡翠颜色更为惹人喜爱。

"月下美人，灯下美玉"，意思是月光下的美人有一种朦胧之美，灯光下的翡翠，也会比实物更加好看。光源对翡翠颜色的影响巨大。

偶尔有人购买翡翠回去后，发现颜色变得不好看了，因而发生消费纠纷；也有佩戴一段时间后，觉得颜色和透明度都没有当时买的时候漂亮，就怀疑是否买到假货。其实往往是因为观察翡翠的环境变化，光源不同造成看到同一翡翠的效果不同。

翡翠颜色差一点，价格会相差很多。因此，购买翡翠时，最好能在自然光线下观察颜色，这样会更为接近真实。

黄光下（左）和白炽灯下（右）的翡翠挂件

光源对各种翡翠颜色的影响

绿色翡翠

在带黄色调柔和的灯光下,绿色翡翠会更鲜艳,娇艳欲滴。

紫罗兰翡翠

紫罗兰翡翠对光线特别敏感,在黄色灯光下呈现的是粉紫色,在白色灯光下则呈现蓝紫色,灯光越白,颜色会发淡,变暗。

豆种翡翠

豆种结晶颗粒较粗,在柔和的灯光下面,豆种翡翠绿色会显得比较鲜艳和均匀,但在自然光下观察,绿色分布会变得很不均匀,白色棉絮比较突出,颗粒感变明显。

晴水翡翠

晴水翡翠在灯光下呈现淡淡的绿色,但在自然光或强光下颜色变淡,接近无色。

背景

背景对翡翠颜色有较大的影响,同一块翡翠在不同底色上也有不同的视觉效果。

豆种翡翠在白底上显得更好看。因其内部有许多白色结晶小颗粒,白底弱化了白色颗粒的存在,在视觉上加深了颜色。玻璃种的翡翠,尤其是白色玻璃种在黑底上会显得更好看,因为在黑底的衬托下会更水润通透,不过翡翠中的白棉也会更明显。

黑底拍摄的翡翠挂件

因此,销售翡翠的柜台一般用黄色调光源,配白底显颜色;或用白色光源,配黑底显质地。

《翡翠分级》国家标准中规定：实验室翡翠分级时要求在无阳光直射的室内进行，分级环境的色调应为白色或中性灰色。分级时采用规定的分级光源照明，并以无荧光、无明显定向反射作用的中性白（浅灰）色纸（板）作为观测背景。这是为了在同一标准光源及背景环境下，确定的颜色级别更客观、更可靠、更统一。

什么是翡翠的"垫色"处理

在翡翠镶嵌时，利用背景对翡翠颜色的影响，提升翡翠颜色效果的处理方法。一般针对翡翠本身颜色特点，在金属底托上垫绿色、黑色或黄色（也有直接在翡翠底面涂色），以增强翡翠的颜色效果。如绿底可以使浅绿色更绿，黑底可以增强油青种翡翠的水头，减少油青的灰蓝色调，黄底能使绿色更阳艳，封底镶嵌后会呈现更好看的效果，实际价值差异巨大。因此，购买贵重翡翠镶嵌饰品建议选择不封底、以网格状封底，或者能够打开底盖观看底部的款式，当然最好是优选信誉好的商家。

"垫色"翡翠镶嵌后效果　　　金属底托"垫色"

★ 厚薄

翡翠玉料的厚薄对颜色也有一定的影响。浅色的玉料往往尽可能做成较厚形状,产生聚色加浓的效果,深色的玉料则会加工成较薄的形状,或通过挖底工艺使颜色看起来变浅,浓淡适中。

底色

翡翠的底色是除了主色外整体呈现的颜色。主色和底色若能相互衬托,则会相得益彰,凸显主色艳丽;若底色偏灰偏阴,或者与主色不协调,则会看起来偏暗发阴,或觉得突兀而影响整体美感。

光泽

翡翠的光泽直接影响颜色效果,光泽越强颜色越鲜艳,越能表现翡翠内在美感。只有光泽与颜色完美融合,交相辉映,方能展现翡翠流光溢彩之美。

透明度与质地

翡翠的透明度、质地与颜色相辅相成,透明度越高,质地越细腻,对颜色映衬越好。反之,若透明度差,质地粗糙,颜色就会显得呆板生硬,干涩无光华。

除了客观因素之外,选购者的心情等主观因素也会影响对颜色的感觉。

常见翡翠颜色品类俗称及品质特征

绿色

主色调为绿色,可分为正绿色、偏黄绿色和偏蓝绿色。

1. 正绿色

祖母绿色:颜色达到匀、正、阳、浓,整体看稍有暗的感觉,但颜色从内部泛出。祖母绿色是翡翠中颜色最好、价值最高的绿色,也称"帝王绿色"。

翠绿色:绿色鲜艳浓郁,均匀透亮,是常见的高档翡翠绿色。与祖母绿色相比,颜色更均匀。

正绿色

2. 偏黄绿色

黄杨绿：又叫"秧苗绿"，色如初春黄杨树嫩叶。黄杨绿翡翠非常纯净均匀，鲜艳绿色中略带黄色调。这种颜色也常出高档翡翠。

葱心绿：略带黄色调，颜色饱满，犹如娇嫩的葱心。

3. 偏蓝绿色

瓜青绿：绿色带蓝调，常常也含有灰色调，比豆青绿颜色更深。

豆青绿：浓度中等，绿色稍微偏蓝，颜色不均匀，是常见的中档翡翠颜色。

油青色："油"细腻，有透明感，偏灰，"青"绿色，灰绿色、暗绿色。颜色深沉，偏灰、偏暗。

翡色

主色调为红—黄色，具有一定彩度，常分为红翡、黄翡。

红翡：常见红色、棕红色、褐红色，市场上多见经加热处理的红翡，往往种干，颜色呆板。

红翡　　　　　　　　　　　黄翡
（图片提供/博观拍卖）　　（图片提供/博观拍卖）

黄翡：翡色中最常见的颜色，呈黄色、棕黄色、褐黄色，多为天然成因。大多质地粗糙疏松，常含杂质，透明度、润度比较差。

红色、黄色在中国象征吉祥、富贵，近年来翡色也颇受市场欢迎。翡色品种也有颜色佳、种水好、洁净莹润、品质好的饰品，价值自然也是不菲。

紫色

指主色调为紫色,常见红紫色和蓝紫色。一般组成矿物颗粒较粗,偶有质地细腻达到冰种的。

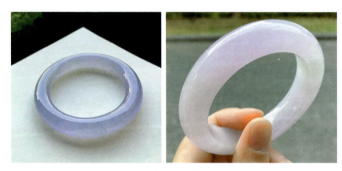

紫色翡翠

红紫色:紫色中带有红色调,整体颜色浓郁,惹人喜爱。若红色调偏粉红,又称"粉紫",整体颜色年轻甜美,给人鲜亮粉嫩的感觉。

蓝紫色:紫色中带有蓝色调,整体颜色呈蓝紫色。若蓝色调深浓,像茄子的颜色,又称"茄紫"。

黑色

黑色翡翠相对比较复杂,常见有墨翠、黑翡翠等。一般颜色越黑越浓郁质量越好。

墨翠一般指的是绿辉石质的翡翠,质地通常十分细腻,表面看起来为黑色,对着强光显示出来的则是浓郁的绿色,是质地最好的墨翠品种。以质地细腻洁净、种好、透光下呈翠绿色为优。另一种是钠铬辉石墨翠,强光照射边缘透射光为翠绿色,传统称为乌鸡骨种。

需要注意的是,墨翠成分复杂,物理化学性质与传统翡翠不完全一致,行业内实验室的判断或行家理解不一,因此在个别品种的鉴别判断结果上会有所不同。

黑翡翠则是以硬玉为主要矿物成分的翡翠,半透明到不透明,有着显而易见的"苍蝇翅",由次生的黑色或深色物质充填在硬玉矿物颗粒间隙产生黑色。

注意不要与墨玉混淆,墨玉是指灰色、黑色、深黑色的和田玉,以"黑如纯漆者"为最佳。其中墨色部分由透闪石晶体间含细微石墨鳞片所致。墨玉的黑色呈散点状、云团状,分布于白玉、青白玉中,以整体黑色均匀,细腻润泽为上品。

墨翠　　　　　　　　黑翡翠　　　　　　　　墨玉
(图片提供/博观拍卖)　(图片提供/亓利剑)

3.1.2 质地评价

翡翠的质地指组成翡翠的矿物颗粒的大小、形态、均匀程度,以及颗粒间结合方式等,直接影响翡翠的品质,如温润度、光泽、密度、硬度等。翡翠的组成矿物,若颗粒细小、结合紧密,则温润细腻,可以成为高档翡翠;反之,若颗粒粗大、结构松散,则质量明显下降。

国家标准中对翡翠质地评价分级由高到低依次表示为极细(Te_1)、细(Te_2)、较细(Te_3)、较粗(Te_4)、粗(Te_5)。划分依据是矿物颗粒的粒径及在10倍放大镜下肉眼是否可见。比如质地"极细"是指质地非常细腻致密,

10倍放大镜下难见矿物颗粒,一般颗粒粒径<0.1mm。而质地"粗"是指结构松散,肉眼可见矿物颗粒,粒径大小悬殊,一般颗粒粒径≥2.0mm。质地细腻是高品质翡翠的必要条件之一。

 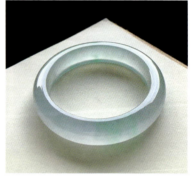

质地较粗的翡翠挂件　　　质地细腻的翡翠手镯

翡翠的质地,与行业俗语中的"底"或"底张"相关。将颜色作为翡翠主体,其余部分作为衬托物或者"底","底"包含翡翠背景色(底色)、瑕疵等。

用一个形象比喻,翡翠的"底"就像女性化妆时用的粉底,其中底色类似粉底的色调,偏黄偏灰都会影响肤色,而"底"中的瑕疵就像豆痣、疤痕。好的"底"使人妆容干净,肤色亮丽;使翡翠细腻通透,俏丽多姿。如果翡翠绿色浓郁,但是背景色带灰色调,偏灰的"底"会使绿色大打折扣,进而影响品质价值。

另外,行话中所谓"底细",指的是翡翠矿物结晶颗粒细小、质地细腻;"底粗"则是翡翠矿物结晶颗粒粗大、质地粗糙。

质地细腻、颜色偏黄

3.1.3 透明度评价

翡翠盈润、通透的美感源于良好的透明度。透明度好的翡翠,珠光宝气、通透靓丽;透明度差的翡翠,则呆板乏味、了无生气。

翡翠透明度指其对可见光的透过程度。通过反射观察内部汇聚光的强弱,通过透射观察光线透过翡翠的多少,以及是否能清楚观察内部特征作为透明度分级的依据。国家标准中,翡翠的透明度级别由高到低依次表示为透明(T_1)、亚透明(T_2)、半透明(T_3)、微透明(T_4)、不透明(T_5)。与商贸中翡翠透明度由高到低俗称的玻璃地、冰地、糯化地、冬瓜地、瓷地/干白地相对应(见下表)。

从左到右依次为:透明(T_1)、亚透明(T_2)、半透明(T_3)、微透明(T_4)、不透明(T_5)

(图片提供/袁心强)

翡翠的透明度行业俗称"水头"。水头主要是指光线透入翡翠内部的深浅程度,有"一分水、二分水……"之说。透明度好称为"水头足""水头长"或"种好",翡翠看起来晶莹剔透,给人以"水汪汪"的感觉;透明度差的称为"水头差""水头短"或"种差",翡翠会显得很"干"或"死板"。行业内,人们常用聚光手电观察光线深入翡翠内部的程度来表述翡翠的透明度。

翡翠的透明度

透明度	水头	描述	商贸俗称
透明	3分水以上（9mm以上）	似玻璃，透过翡翠的字迹可见	玻璃地
亚透明	2～3分水（6～9mm）	透明度稍逊，透过翡翠的字迹呈模糊状	冰地
半透明	1～1.5分水（3～4.5mm）	透过翡翠看不清字迹	糯化地
微透明	半分水（0.5～1mm）	边缘薄处能透光	冬瓜地
不透明	基本不透光（小于0.5mm）	如同石膏	瓷地/干白地

（参考：袁心强《应用翡翠宝石学》；国家标准《翡翠分级》）

翡翠行业内有"内行买种、外行买色"之说。这里说的种就是指透明度，可以说高档翡翠透明度一定要好，而色好的翡翠不一定就高档，可见透明度于翡翠品质的重要性。

一般来说，中高档翡翠透明度对品质价值的影响大于颜色，而低档翡翠颜色比透明度更重要。

翡翠透明度的商贸俗称及品质特征

按透明度等级由高到低

玻璃地：清澈透明，结晶颗粒细腻，犹如玻璃，透射观察内部特征清楚可见，内部聚光强。

冰地：透明，如冰凌般晶莹剔透，透明度和均匀程度比玻璃地会弱一些。内部聚光较强。冰地显油青的称为"油地"，透明，细腻，有油感，略带灰绿色。

糯化地：半透明，果冻状，均匀细腻，肉眼观察无颗粒感，内部汇聚光弱，透光性一般，尚可见内部特征。糯化地往往在油青、蓝水、红翡和紫罗兰翡翠中出现。紫罗兰的糯化地也称为"藕粉地"，像泡开的藕粉。

冬瓜地：微透明，内部无汇聚光，仅可见微量光线透入，透射观察内部特征模糊不可辨。

豆地：半透明—不透明，结晶粗，颗粒感明显。豆地是翡翠中常见的质地，跨度比较大，颗粒的界线模糊到清楚皆有，大多为中低档翡翠。

瓷地：不透明，颗粒较细，质地细腻均匀，如陶瓷状。

石地：不透明，白色均匀，结构粗糙，结晶颗粒粗，肉眼颗粒感明显，这种质地价值不高，常用作翡翠雕刻摆件。

3.1.4 净度评价

净度指翡翠内外部的干净程度，对净度评价就是考量翡翠内外部特征（裂绺、杂质等缺陷）对翡翠的美观和耐久性的影响程度。

习惯上，裂绺、杂质等缺陷又叫"瑕疵"。这些瑕疵的存在，会影响翡翠的美观，降低翡翠的品质，从而影响翡翠的价值。

翡翠的净度要求不同于钻石的严苛，对翡翠外观完美性的影响程度，取决于肉眼是否能识别或者观察到的程度。

首先，净度（瑕疵）对不同翡翠品质影响程度不同：对素货品质影响最大（手镯、平安扣等），对观音、佛等影响次之，对花鸟、动物图案等雕件影响相对小一些（容易剜脏去绺、避裂遮瑕）；对高档翡翠的影响要大于普通低档货品。其次，不同的瑕疵类型及所在部位对翡翠品质影响程度不同：裂纹对品质影响要远大于其他类的瑕疵；深色瑕疵影响要大于浅色瑕疵；中央、正面等醒目处的瑕疵影响大于边缘、背面处的。

杂色一般来说会降低翡翠品质，但如果经过巧妙构思，俏色利用，则会锦上添花、化腐朽为神奇。

净度越好、瑕疵越少的翡翠，往往品质越好、价值越高。在《翡翠分级》国家标准中，根据翡翠净度的差异，将其划分为五个级别，品质由高到低依次表示为极纯净（C_1）、纯净（C_2）、较纯净（C_3）、尚纯净（C_4）、不纯净（C_5）。最高级别"极纯净"，指肉眼未见瑕疵，或仅仅在饰品的不显眼处有一点点对整体美观几乎没有影响的点状或絮状物。

所谓"瑕不掩瑜""无瑕不成玉",指的都是天然产出的玉石不可能完美无瑕,就算是玉石之王的翡翠也不例外,或多或少都会带有裂绺杂质这些"胎记"。自然界中没有一点瑕疵的翡翠极少,只有对瑕疵的性质、大小、位置、分布进行综合分析,客观准确评价,才能判断出瑕疵对翡翠价值的影响程度。

总之,如果瑕疵对翡翠的美观和耐久性没有什么影响或影响不大,只要性价比等合适,就可以考虑购入,切不可盲目吹毛求疵,要知道,即便上百万元的精品翡翠往往也无法做到完美无瑕。当然严重的瑕疵会明显影响翡翠的价值,特别是购买用于投资收藏的高档品,更需要仔细检查,综合评判。

影响翡翠净度的常见内外部特征(瑕疵)
裂纹
区分假裂纹、愈合裂纹和真正的裂纹。

假裂纹是指由于翡翠组成晶体颗粒的颜色、大小不同,这些颗粒排列后出现界线纹理,形似裂纹的样子而其实并不是裂纹。对美观有一定影响,对耐久性几乎没有影响。行业中也有叫"石纹"。

愈合裂纹是指翡翠因地壳运动裂开后,再被物质充填并伴随漫长的地质作用已经愈合,就像皮肤割伤后长好了,但留了个疤。对美观有一定影响,对耐久性没有影响。

真正的裂纹是指翡翠经地壳运动或人工开采加工出现的裂开的裂纹,不仅影响美观,而且影响耐久性,对翡翠质量负面影响较大。

如果是真正的裂纹,透射光线照射会受阻,纹路两边会出现明暗界限;如果是假裂纹(石纹),纹路左右两边光线是均匀的。此外,有些裂纹在抛光面上指甲刮摸可感到明显受阻,俗称"抠手"。

没有一点裂纹的翡翠非常稀少,在鉴评翡翠时,要对裂纹的大小、位置、深浅、分布进行综合分析。比如手镯的横裂比纵裂更影响其品质,而挂件中会利用适当的装饰纹来掩盖裂隙的存在,以减小对其价值的影响。

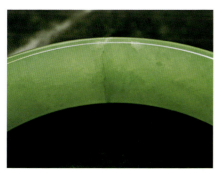
真正的裂纹（图片提供/亓利剑）

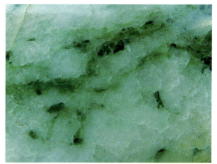
镜下观察的石纹（图片提供/亓利剑）

绺

绺指翡翠中呈丝条状的絮状物，主要是指细小的裂纹。在反射光下，绺相对裂纹较不明显。绺对饰品耐久性的影响不大，对美观度的影响则因位置不同而不同。比如观音脸上有一条绺，就会对整件饰品的美观有较大影响，进而严重影响饰品品质和价值。可采用"去绺""躲绺""遮绺"等技法处理。

棉

棉指翡翠中的白色絮状物，是玉料中晶体结构比较粗的部分，不够通透，多为点状、雾状、团块状等。棉在行业中也叫"石花"，影响翡翠均匀度和透明度，影响整体美观。

但是如果分布均匀、自成美态，不仅不会影响翡翠价值，还能锦上添花。比如木那种的翡翠，以含有白棉、白点、白花为特征，商业上叫作"雪花棉"，经过创意设计雕刻，颇受欢迎，价值不菲。

翡翠中的石棉（雪花棉）

石筋

石筋可以理解为粗大的线状"棉"。指翡翠的局部没有同整体一起玉化，依然表现出石性。翡翠石筋虽然没发育好，但结构密实，强硬稳定，无缝非裂，不影响美观。

水线

水线指翡翠形成过程中，由于地壳运动，两块翡翠之间相互挤压，重新融合成一块而产生的界线。水

翡翠原石中的石筋（图片提供/亓利剑）

线呈线状，有透明感，与周围存在明显差异。水线通常出现在密度最大的地方，结构更紧密，更细腻。

翡翠原石中的水线（图片提供/亓利剑）

透射光下翡翠手镯上的水线

杂色

杂色指翡翠中经常掺杂各种颜色。若杂色颜色不佳（黑色、褐色、灰色等），或位置不当（位于人物脸上），会降低美观程度，进而降低其价值。又称"脏"，可采用"剜脏""掩脏""遮脏"等技法处理。

漂亮的杂色或经设计创意成为亮点的杂色称"俏色"，如小面积或点状的红色、黄色、绿色等，设计得当会使翡翠饰品妙趣横生，价值倍增。

俏色（杂色雕刻成猴子）
（图片提供/博观拍卖）

翡翠手镯上的癣
（图片提供/亓利剑）

癣

癣指翡翠中出现的大块黑斑或条带，带癣的翡翠与飘兰花有些相似，但价值差距很大，要注意区分。癣呈黑色或灰黑色条带或斑块，看起来沉闷，干涩；飘兰花中则呈绿色或蓝色的丝线状、点状、条带状，看起来飘逸灵动。癣影响饰品的美观，进而影响饰品品质和价值。

3.1.5 翡翠的大小与质量

翡翠饰品通常以件为单位计价。尽管与其他宝石相比，翡翠的大小与质量不是影响其价值的关键因素，但同等品质情况下，大小与质量越大的越稀有，价值也越高。例如手镯、戒面、珠链均需较大块度、较高品质的原料来制作，相同品质饰品以大小与质量大者价值更高。对于高档翡翠来说，这种影响更大。

当然，这并非绝对，首饰往往还要考虑到实用性，比如戒面过大，不仅浪费原料，还影响佩戴进而影响销售。

为什么厚桩翡翠饰品的价格远高于薄片的?

厚桩(也称厚庄)是指翡翠饰品有较好的厚度(8mm 以上),且外形浑实,没有过多的镂空设计。厚桩翡翠饰品料足饱满,浑厚大气,透明度好的翡翠厚度增大更能展现翡翠晶莹剔透的效果。

厚桩翡翠饰品要保留足够的厚度,又不能有大的瑕疵,对玉料净度的要求很高,获取难度很大,自然价值不菲。同一款翡翠挂件,做厚桩只能加工出一件,做薄片可能可以加工出两到三件,因此厚桩翡翠饰品价格要远高于品质相同但是薄片的饰品。

厚桩翡翠挂件(左)

3.1.6 翡翠的种与品质特征

翡翠行业广泛使用特定的"种"类俗称,来表示特定品质特征的翡翠类型,作为重要指标来评价翡翠品质。

目前行业内,主流的宝石学家对"种"的定义不尽相同,大致有如下三类:一是指翡翠的透明度,与"水"同义,也被称为"种水",翡翠透明度高,即称为"种水"好;反之透明度低,称为"种水"差(见3.1.3 透明度评价)。二是指结构构造,称为"种质"。矿物颗粒不明显、细腻紧密即"种"好、老;矿物颗粒明显、结构松散即"种"差、嫩。三是指对翡翠类型综合性的评价,指翡翠的矿物组成、颜色、结构、透明度、光泽等对翡翠品质的综合影响。本书中"种"也倾向于第三种定义,具有翡翠综合质量品级的内涵。

"种"往往有侧重点,比如侧重颜色特征的:春带彩,指绿色及紫色同时出现;白底青,指干净的白色上有少许颜色纯正的绿色。再如侧重质地特征的:豆种,一般指颗粒粗、晶体颗粒边界明显,呈柱状、短柱状的翡翠。亦有兼顾几项的,比如油青种,颜色呈灰绿色,质地细腻,光泽强,透亮似"油"。

尽管行业内不同人群对"种"略有不同的习惯称谓和理解,品种俗称也随着时间推移和产业发展而变化,但这些并不影响其在翡翠分类中的应用,了解这些流传使用到今的名称对我们了解千变万化的翡翠很有意义。

老坑玻璃种:行业内将颜色符合浓、阳、正、匀,即颜色浓淡适宜、鲜阳纯正、分布均匀,质地细腻的翡翠,称为老坑种翡翠。如果同时兼具透明度好、水头足的特点,就称老坑玻璃种了。

老坑玻璃种翡翠质地细腻致密,光泽强,有刚性,在边缘饱满处常常有因光的透射反射而产生的晕彩,又叫"起光"或"起莹"。老坑玻璃种外观晶莹美艳,流光溢彩,是翡翠中最稀少最高档的品种。品质评价的关键在于颜色和透明度。

老坑玻璃种

玻璃种：结构细腻致密，透明度佳，10倍放大镜下难见矿物颗粒，与老坑玻璃种的差别仅在于光泽的刚性略微逊色。品质等级仅次于老坑玻璃种。

冰种：呈透明—半透明，通透性仅次于玻璃种，结构致密，细腻均匀，润透水灵，具明显玻璃光泽，肉眼难见矿物颗粒，透射光下可见内部结构。冰种翡翠不限于无色透明—半透明，也可以是满色的翡翠饰品。冰种翡翠质量等级仅次于玻璃种，若能兼具上佳净度，则是难得的高档品种。

芙蓉种：呈淡淡的绿色，质地温润细腻，肉眼观察虽有颗粒感，但看不到颗粒边界，半透明状，清澈、纯正、均匀，如出水芙蓉。其色虽不浓，但很清雅，虽不透，但也不干，达不到冰种的通透，但较白底青、豆种细腻，品质等级优于白底青和豆种。一般来说，芙蓉种颜色深的价格高于颜色浅的。

冰种

芙蓉种（图片提供/亓利剑）

糯种：是指翡翠质地像糯米经蒸捣后表现出的细腻、温润、半透明，又称糯化种。质地与品质等级与芙蓉种相似，也有将其归入芙蓉种。

藕粉种：藕粉种质地细腻如藕粉，颜色呈浅粉紫红色，结构与芙蓉种相近，但更为细腻。浅浅的粉紫色常常与翠共生，形成协调的组合。

糯种

藕粉种

金丝种：指绿色呈丝状、条带状分布，定向排列于浅色底之中，色带往往绿中略微带黄。不同品质金丝种价值不同，关键在于色带的色泽及所占比例，以及质地细腻度、洁净度、透明度等。一般来说，金丝种透明度较好，有些可达冰地、糯化地，若加上颜色纯正，绿色色带占比较高，则为上品。

白底青：翡翠常见品种，白底带团块状绿色，绿白相衬更显鲜艳。组成颗粒较粗，略通透，尚有温润感。通透感和水种介于芙蓉种和豆种之间。品质评价在于绿色色泽质量及占比，以及质地细腻度和洁净度等。白底青多为中档品质，少数绿白分明、绿色艳丽且色形好，色地协调的，可达高档翡翠。

金丝种

白底青

花青种：绿色较浓艳，分布没有规则性，不均匀，质地与白底青相似，有粗有细，尚有温润感。底色多为浅绿或浅灰。花青颜色往往过深，常被切成薄片，适合做路路通、平安扣。颜色如丝瓜皮蓝绿色的又称"瓜青种"。品质评价同样在于绿色色泽质量及占比多少，以及质地细腻度和洁净度等。花青种价差很大，多为中档品质，偶尔可见高档玻璃种花青。

豆种：翡翠很常见的品种，有所谓"十玉九豆"之说。颜色呈很淡的豆绿色，不均匀，没有色根，矿物颗粒感明显，像粒粒豆子一样排列。普通豆种质地粗糙，光泽和透明度不佳，通透感细润感不如白底青，是中低档翡翠的常见品种。根据质地细腻程度和透明度，又有细豆和粗豆之分。若质地细腻，有一定透明度和温润感，且颜色鲜艳，也可以成为中上等品种。

油青种：颜色沉闷，深绿—黑绿色，含有灰色、灰蓝色的成分，不够鲜亮，具油性感，结构细腻，质地均匀，半透明。若其颜色比较深沉，在翡翠界又称之为"瓜皮油青"。受颜色沉闷的影响，整体质量档次不高。

豆种　　　　　　　　　　油青种

干青种：呈绿色—深绿色，色浓满但不均匀，常含黑色，黑绿相间，不通透，常加工成小件或薄片，并予以镶嵌，以增强通透感和耐用性。干青种矿物组成复杂，与其他翡翠略有不同，钠铬辉石含量较高，相对其他翡翠，硬度较低，相对密度和折射率较高，质地较脆，档次不高。

马牙种：瓷地，均匀细腻、不透明。马牙种翡翠大部分为绿色，但有色无种。

八三玉：又称为"巴山玉""八三种"。灰白色，不透明，结晶颗粒较粗，质地疏松，裂隙发育，光泽弱，品质差。因常用来制作翡翠B货，现在也就常常被认为是B货了。经处理后的八三玉尽管质地通透、干净漂亮，但价值很低。

干青种

（图片提供/亓利剑）

经处理后的八三玉

（图片提供/亓利剑）

木那种：也有叫"木纳种"，是近年来翡翠市场上的新贵，受到广泛的欢迎与追捧。木那是翡翠的一个著名的老场口。木那场口出产的翡翠玉质细腻干净，杂裂少，一般底带白色或是飘翠绿色，它最为典型的特点就是有明显的点状棉，分布在清澈的底子上，好似雪花纷飞，业内用"海天一色，点点雪花，混沌精华"形容木那翡翠。木那翡翠的受欢迎程度很高，一些种水好、内部有棉点的也常常会被冠以木那翡翠的名号。"木那翡翠"也逐渐成了种水好的翡翠的代名词。

铁龙生：颜色鲜绿且阳，通常满色，黑暗色调较少。大多颗粒较粗，质地疏松，微透明—不透明，少数可以接近半透明，含黑点少，常会有些白花。由于质粗不透则常加工成薄片状的观音、佛、叶子、蝴蝶等，并加以镶嵌，以提升通透感和色彩度。一般来说铁龙生档次不高。当然，随着行业审美的发展，铁龙生种的翡翠有古朴沧桑的韵味，别具风情，若质地较好，也可以达到高价翡翠的行列。

木那种

铁龙生（图片提供/袁心强）

业内行家对各类翡翠种的俗称与其对应的品质特征有基本一致的看法，但也会略有差异，何况要厘清各类等级范围也非易事。评价一件特定翡翠的种，不同人因角度不同可能会有不同的结论，比如卖家往往会有意无意提高自己货品种的质量档次等级以期待高价。

各类"种"之间的品质等级高低也是相对的，往往有交叉，我们介绍这些行业内广泛使用的种与品质特征，是希望有助于读者更深入更全面地贴近市场，了解翡翠。翡翠玉质品质评价，还是应该从翡翠的颜色、透明度、质地、净度、质量大小等方面综合考量，客观科学评判。

翡色翡翠、紫罗兰翡翠、墨翠的品质特征

翡色翡翠

常见红翡和黄翡。

*红翡：*质地一般粗糙较疏松，透明度不佳。若玉质细润，种水充足达冰种则十分难得，价值颇高。市场上部分红翡为人工加热处理而成，热处理的红翡种干、颜色呆滞，属于优化，仍为A货翡翠，证书或交易中不特意说明。

*黄翡：*以不带褐色调的明亮正黄为最好，行业俗称栗子黄、鸡油黄，又称"黄金翡"。透明度好的冰种黄色翡翠，市场上俗称"冰黄"，其产量较少，价值高，属名贵翡翠品种。一般来说"冰黄"价格高于冰种红色。

紫罗兰翡翠

紫罗兰翡翠可以分为红紫和蓝紫,以蓝紫色最为常见。紫色翡翠一般颗粒较粗,透明度不好,常用作摆件。质地好的紫罗兰翡翠比较少,冰种更难得,价值较高。同等情况下,红紫价格较蓝紫高。

紫罗兰翡翠少有显眼的色根,大多呈底色,颜色的浓淡与其价值成正比。需要注意的是,不同光线环境下紫色的变化,如射灯下漂亮的紫罗兰色,到自然光下紫色会明显变浅,甚至几乎看不到紫色。

紫罗兰手镯

紫罗兰挂件

(图片提供/博观拍卖)

墨翠

墨绿色翡翠,表面为黑色,透射光下为绿色。最早的墨翠又称为"广片种",可加工成薄片状戒面。由于墨翠质地比较细腻,可以与白玉一样进行细致加工,雕刻成比较精美的雕件。

注意区分深色油青种翡翠和墨翠:墨翠在自然光下外表呈黑色,透射光下是透明带绿色,而油青种翡翠在白底上有绿感,透射光下则是无色。一般来说,墨翠价值更高。

什么是"莹光"与"宝光"?

行话中的"莹光"(也有称荧光)是好的翡翠呈现的一种光学效应,指整体或局部呈弧面型且抛光良好的翡翠表面,在饱满边缘处出现飘浮的亮光,随着翡翠饰品的摆动,亮光的位置也发生移动的现象,又叫"起莹"。一般来说,冰种以上才会出现这种现象,老坑玻璃种才会出现强"莹光"。

翡翠的"起莹"

若翡翠颗粒细腻,结构紧密,抛光完美,其光泽必强,看起来类似于宝石光芒,故又称"宝光"。

什么是"起胶"

行话中的"起胶"也是翡翠的一种光学现象,由光的散射、漫反射造成,与"起莹"的产生原因类似。区别在于"起胶"翡翠内部的细小晶体颗粒排列无序散乱,看上去黏稠似胶水;而"起莹"翡翠内部的细小晶体颗粒排列更有序。

翡翠的"起胶"

飘兰花

飘兰花是指翡翠中分布着不规则的丝带状、脉状、团块状的蓝色、灰绿色或灰蓝色,呈现出像兰花漂浮在白色翡翠中的颜色分布特征。如果质地细腻,透明度高,称冰种飘兰花。根据飘花的颜色不同,行业内又分为飘兰花、飘绿花。

飘兰花　　　　　　　　　飘绿花

晴水、蓝水、绿水

晴水：翡翠颜色呈清淡均匀的淡绿色，无色根，质地细腻均匀，如雨后晴空一般，光泽柔和。不同灯光下晴水绿的表现不一样，在黄光下，绿色特别美丽，自然光下则变淡接近无色。

蓝水：翡翠呈蓝绿色或绿中泛蓝，质地细腻无颗粒感，几乎不含杂质，净度好，刚性强，清冷幽澈，适合做方牌。

绿水：翡翠呈浅绿色，色淡且均匀，透明度好，比芙蓉种色浓，如春水碧波，盈盈动人。

晴水　　　　　　　蓝水飘花　　　　　　　绿水

种与场口(坑口)

场口(坑口)是指与翡翠产地相关的概念,与种并无直接关联。但有些场口(坑口)所产出的翡翠往往有其特别的性状特征。如木那种,是指产于木那场口的翡翠,质地细腻通透,同时经常带有点状白花、白棉,常为高档货。业内行家就用木那种称谓产自木那具备上述特征的玉料。铁龙生种也是表述着一种特征的颜色和质地组合。

老坑指较早开采翡翠的次生矿床,挖掘历史长,挖掘出来的翡翠颜色、质地都比较好,因此行业内也用老坑种指代质量比较好的翡翠。而新坑翡翠,大多数是原生矿,组成矿物复杂,质地疏松,颗粒较粗。但也不是绝对的,只是行业的一种指代。

3.2 翡翠加工工艺评价

中华玉文化源远流长,翡翠加工工艺传承玉雕工艺的精髓,成熟而精湛。所谓"玉不琢不成器",能工巧匠的鬼斧神工赋予了翡翠千姿百态的艺术表现以及丰富的文化内涵。翡翠不仅仅是装饰品更是艺术品,翡翠的加工工艺是翡翠价值的重要部分。

3.2.1 加工流程

从翡翠原石到精美的饰品,大致经过以下工艺:开料、取料、设计、雕琢、抛光、过酸梅、过蜡等,要取得最高的价值,不仅仅需要丰富的经验和娴熟的技巧,往往还需凭借几分运气。

(1)开料

翡翠行业所谓"一刀穷,一刀富",指的就是对原料开始切割的关键一步。在开料之前对所要加工的翡翠原石进行整体观察,之后选定方向开石切料。这里有许多技巧,如:若是有裂纹,则第一刀要顺纹切,再平行色根走向切,以取得保存最完整的颜色、最干净无裂的材料为基本原则。

观察翡翠明料中的裂纹

翡翠的片料　　　　　　　翡翠切片

(2)取料

取料是根据原料种水、颜色、瑕疵、绺裂等特点考虑与之相适应的加工品类材料,力求提高利用率,最大程度挖掘原料蕴藏的价值。

众所周知,手镯料需要足够大且要求近乎完美无裂,取料难度最大,同等品质情况下手镯价值更高;戒面料需颜色均匀、品相饱满,取料难度也较大,市场价格相对也高;而花草类雕刻题材则可以通过巧妙设计,采取剜脏去绺、遮裂避瑕来隐匿规避各种瑕疵，这类饰品同等情况相对低价。因此，取料时视材质品质特点，优先考虑手镯、戒面、玉扣、观音、佛等用材，若多杂质多裂则再考虑花草挂件、手玩件和摆件等雕刻品类的用料。

总之，取料以最终成品价值最大化且加工最简易为原则。

翡翠手镯设计及取料

（3）设计

对取好的翡翠玉料综合评定后设计图样。翡翠加工工艺中的设计包括翡翠造型题材，以及采用何种雕刻工艺来表达翡翠饰品的艺术特色。

①量料设计：根据翡翠玉料形状、颜色、质地等特性构思题材造型，尽可能规避脏裂、突出颜色、利用俏色。②因材施艺：依据玉料的特性和设计方案选择雕琢工艺。

在制作中，经常根据实际情况，随时修改题材及纹饰等，因此设计会贯穿整个制作过程。

粗绘和细绘

玉雕师在完成玉雕作品造型外观设计后，需要在翡翠原料绘上设计图形和雕琢路线。绘图分为粗绘和细绘，粗绘是在雕琢之前，在翡翠原料上描绘出整体轮廓线。细绘是在粗雕完成后的粗坯上，对局部细节进行精致描绘，方便细琢进行。

翡翠挂件的设计制作过程

（4）雕琢

雕琢流程一般分为粗雕和细琢两步。首先，对翡翠原料按粗绘图形进行粗雕，确定基本造型、外观轮廓。完成粗雕后，再进行细绘，将局部的细节造型绘于粗胚之上，其后进行细琢。

细琢工艺是决定整个翡翠成品工艺精美程度的关键，使原本粗糙的造型轮廓、面线、棱角变得细腻逼真、流畅平顺，使表现的人物、山水、花草、鸟兽等栩栩如生、惟妙惟肖。细琢工艺是全部玉雕流程中难度最大最为复杂的环节，由技艺更高的玉雕师来完成。

雕刻琢磨是个做减法的动态过程，随着雕琢进程，玉雕师并非按图索骥，往往需要根据材质等实际情况，创造性发挥或调整设计意图，使作品兼具材质美、造型美和工艺美。

随着科技的发展，现代机雕技术应运而生，降低了雕刻的成本。机雕技术要求原材料均匀，成品图像线条生硬，一般运用于低档货品。随着三维立体雕刻技术的发展，有些设计精妙的作品，经人工局部修饰后甚至能与手工雕刻媲美。

翡翠的雕琢

玉雕师挑选合适的绿料做戒面

现代机雕技术及识别

①超声波雕刻技术：使用超声波玉雕机结合钻石粉及钢模高频率震动研磨玉石，如"盖章"般快速压制成型，从而降低了雕刻成本，出货率高。超声波雕刻技术适宜批量化生产的低档翡翠货品，如市面上常见的题材大众化、规格一致的佛、观音、生肖等挂件。其雕刻件边缘统一、弧度平整死板，缺少细节刻画，而手工雕件边缘有内凹的弧度。

机雕件和手雕件边缘的区别

②三维立体雕刻技术：该技法需要设计绘图，可做个性化设计。首先针对颜色和质地分布画素描图，进行平面设计，再通过电脑进行3D建模，根据玉料的厚薄，形成立体图案，然后使用数控精雕机雕刻。三维立体雕刻技术汇聚了人工智能技术，是现代玉雕技术的一个重要发展方向，具有个性化、高精准度、低成本的特点。相较于超声波压制，三维立体雕刻可以算是机雕

中的"上品",除了常见的浮雕,也可以应用于圆雕等立体的玉雕作品,有些设计精妙者甚至能与手工雕刻混淆。

翡翠的切割油机

翡翠的吸镯机

超声波玉雕机使用的钢模

数控精雕机

(5)抛光

抛光是指对翡翠半成品表面进行打磨,使其变得光滑明亮,行话也叫"出水"或"光活"。未经抛光的玉件表面粗糙,翡翠的质地、色彩、光泽以及工艺特点都无法得到体现。抛光质量直接影响翡翠的美感和价值,优良的抛光完美呈现翡翠明亮光泽和莹透质地,使其光彩夺目、璀璨靓丽,完美反映出翡翠的质色美感,实现作品的工艺技法和艺术价值。

翡翠的抛光　　　　　翡翠的过蜡

(6)过酸梅、过蜡

过酸梅是传统的翡翠加工工艺,清除加工中沾染的以及材料本身表面的污物。具体程序是,翡翠制品抛光后,先用清水清洗,再放入酸梅汁中浸泡适当时间,取出清洗后再过蜡。

过蜡主要是通过蜡的"密封"作用,保持翡翠的水分和润泽,此外,过蜡能填补翡翠表面细微裂隙和不平整,提升翡翠的光泽和美观。具体程序是,将清洗后的翡翠放置到熔化的石蜡之中浸泡几分钟到几十分钟,取出冷却后用干净毛巾或毛刷擦拭光亮。

通过以上加工流程,翡翠实现了从原石到饰品的华丽蜕变。

翡翠手镯设计、取料、制作成品流程

对于有些成品还会附加后续工艺,如为翡翠饰品进行镶嵌,给翡翠摆件加底座等。

随着现代首饰设计的发展以及镶嵌工艺的进步,越来越多的翡翠通过艺术造型设计,以钻石或其他彩色宝石的搭配来突显翡翠的美感,彼此相得益彰,翡翠饰品也因此日益国际化和时尚化。

在人们的认知中,底座就是翡翠摆件的一部分,也是中华玉文化的一部分。底座虽然没有翡翠雕件本身的流光溢彩,却能让整件作品更加光彩照人。底座一般选用与翡翠雕件造型外观颜色相符的木料或者石材,雕刻以简单、明快的线条为主,与雕件主体形象相适应、相协调,更好地表现作品的整体造型和题材,提升翡翠摆件价值。

镶嵌翡翠饰品

翡翠摆件与底座

3.2.2　加工工艺及技巧

精湛的加工工艺将璞玉变成艺术品,玉雕师通过艺术创作,按料取材、因材施艺,最大程度挖掘翡翠材料的价值并贡献增值。

(1)常见加工工艺类别

行业内常常将翡翠饰品分为两大类:一类称"素货",也称"光身"翡翠;另一类称"雕件"。

素货:是指只做了切形、打磨、抛光的翡翠饰品,它来自料子中最完美无瑕的部分。一般包括戒面、手镯、珠链和部分翡翠挂件。翡翠挂件中玉扣、无事牌、路路通都是常见的素货。翡翠饰品以素面示人,就像美女出门不化妆一样,说明料子完美,没有任何雕饰,更显天生丽质。

品质好的翡翠一般加工成素货,或仅在局部雕琢些小纹饰以突出主题。

雕件:是指经过琢磨(雕琢)加工而成的翡翠饰品。玉雕师根据玉料的形态质地,遵循图必有意、意必吉祥的准则,雕刻创作各种题材的饰品。不同的纹饰采用多种雕刻手法,隐匿规避杂质、绺裂、石纹等天然缺陷,剜脏去绺,提升价值。常见的雕件有挂件、手把件、摆件等。

常见素货

戒面

戒面往往取自玉料精华处——颜色最浓郁质地最洁净处,因此戒面类价值高于玉扣类。好的戒面要求饱满圆润,颜色均匀,干净无杂裂。

翡翠戒面

手镯

翡翠手镯尽管不做任何雕饰，却是价值最高最受欢迎的饰品类型。在翡翠行业，如果碰到一块好的原石，优先考虑的就是用来开手镯，使其价值最大化。

扳指

扳指的"圈口"虽小，但厚度大，一个扳指的厚度有的相当于两个手镯，从用料上来说，扳指与手镯几乎同等。因此一个好的素扳指同样价值不菲。

翡翠手镯

翡翠扳指

珠链

翡翠珠链常见手串和项链。不要以为珠子是用边角料做的，珠链要求颜色统一，大小一致，车珠子极费料，一个镯心料，如果加工比较大颗的珠子，可能只能出四五个，所以想要统一的珠子，就必须料子够大。珠子虽小要求却高，好的珠链也是价值不菲。

翡翠珠链

无字牌

翡翠无字牌没有任何雕饰,又称"无事牌"。一块料子中往往最好的才会用来做素面无字牌,因此,无字牌通常比雕刻的牌子更贵。无字牌朴实无华的美、平安无事的寓意,体现了中国玉文化的博大精深,表达人们对瑞兴祥和的希冀和追求。

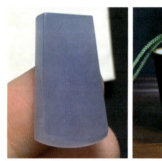

翡翠无字牌

平安扣

平安扣外圆辽阔,内圆宁静,寓意平安,是老少咸宜的翡翠挂件。品质高的平安扣要求对称完美,厚薄均匀,取料难度较大,因此价格往往高于其他类型挂件。

翡翠平安扣

(2)常见加工创作技巧

精湛绝伦的加工工艺能展现翡翠原料多姿多彩的自然之美,并赋予其丰富的文化内涵及更高的艺术价值。简而言之,就是要量料取材、因材施艺，扬长以突出翡翠种质之美、颜色之美；避短以除去或弱化脏杂、裂绺等瑕疵，在此基础上，创作演绎题材。

工艺技巧不仅仅提升翡翠价值，精彩时更能"化腐朽为神奇"。

剜脏去绺：常说"无绺不成花"。翡翠原料中的脏绺都会影响翡翠的价值，需要通过精妙的设计和工艺加以雕琢，改善净度提升品质。比如用镂空雕、打洞等手法剜除瑕疵脏绺，用衣襟、枝叶、藤蔓、动物等加以掩饰避开绺裂或隐藏绺裂。

化瑕为瑜："白璧无瑕"十分稀少，对有瑕玉料，更要求在创意上下功夫。为了充分利用玉料，玉雕师通过精心设计，根据瑕疵的颜色、形状和分布特点进行巧妙构思，运用各种巧雕技法，创造性利用瑕疵，变废为宝，使作品自然生动，惟妙惟肖。故宫收藏的翡翠白菜就是化瑕为瑜的典范。

巧色、俏色、分色：巧色是指在玉石雕刻过程中，玉雕师利用原料、颜色、质地进行精细的设计，巧妙应用于雕刻主题，以达到浑然一体的雕刻目的。

巧色工艺

俏色是在巧色的基础上将色彩的鲜艳之处俏出来。俏色超越巧色之处在于将其鲜艳之处活灵活现地表示出来，使它成为整件玉器的亮点，起到画龙点睛的作用。

俏色工艺　　　　　　　　　　　　分色工艺

分色工艺是在俏色基础上,将不同颜色分开雕刻。翡翠颜色的形成与过渡,往往是渐变交叉,具有过渡带,做到完美分色十分不易,要求玉雕师不但雕刻技艺精湛,更要熟悉翡翠原料特性,且具创新能力。因此,分色已成为高品质现代玉雕的重要评价标准之一。

翡翠的加工技艺在继承中华传统玉雕的基础上,通过不断借鉴、吸收不同领域的精髓而日趋成熟,雕琢中注入文化元素、融合时代风尚,赋予翡翠饰品艺术价值和文化价值。翡翠作品不仅仅是赏心悦目的珠宝饰品,更是可以收藏传世的艺术珍品。

圆雕、浮雕、镂雕

圆雕、浮雕、镂雕是常见的翡翠加工技法。

圆雕,又称立体雕。具有完全独立实体,不附着在任何背景上,可以让观赏者从不同的角度欣赏到作品中人物、花鸟等的各个侧面,看起来比较真实、生动。但由于线条突出,实际佩戴使用性并不好,常用于翡翠手玩件和摆件中。圆雕技术要求高,且耗材费工,在"天工奖"等一些获奖的作品中可见其高超技艺的应用。

圆雕

浮雕，又称凸雕。指在平面或圆弧面上，挖掉主体图案旁边的部分，雕刻出凸起的图案，通过简单线条和平面的设计增加画面层次感，单面观赏图案。一般分为浅浮雕、中浮雕和高浮雕。

浮雕

镂雕，又称镂空雕。是浮雕的深层发展，融合了圆雕等雕刻技法，将纹饰图案与背景材料之间的部分挖空，使玉雕作品增强立体感，表现出玲珑剔透的效果，是剜脏去绺的常用技法。镂空雕技法难度大，工艺复杂，成本高。

镂雕

调色、调水、调光

调色、调水和调光是行业内增强翡翠颜色和透明度效果的加工技法俗称。目的是提高翡翠视觉效果。

调色：将颜色比较深的翡翠背面挖空减薄，再通过背部金属的衬底，让底部反光将翡翠颜色反射出来，增加通透水润感和颜色美观度。

调水：对一些透明度稍差的翡翠饰品，通过减少饰品的局部厚度，来提高种水的效果。常见中央挖低、边缘薄化等技法。有时调水为了不影响正面的立体感，会采用凹凸工艺，即在翡翠背面挖出一个内凹弧面，一般会在翡翠饰品较厚的位置，如观音的头部、弥勒佛的肚子等，增强光的透射、折射和反射，在视觉上提升翡翠的透明度。

调光：为了让翡翠产生类似于"起莹"的效果，玉雕师会在加工透明和半透明的翡翠时，在背部适当部位雕刻沟槽或弧面，并调节弧度的高低，通过光线的反射，使凸起饱满处更聚光，从翡翠正面看会出现一条弧面型的亮光斑，产生"莹光"效果。

调色、调水和调光在翡翠雕刻工艺中广泛运用，在提高翡翠饰品总体的视觉效果上起到了较好的作用。但是，凡事过犹不及，要注意其在翡翠的整体质量评价中的影响。

翡翠挂件背部挖槽处理（调水、调光）

3.2.3 加工工艺评价

素货翡翠简约质朴，雕件翡翠传神达意。两者在工艺要求方面有所区别，前者无需雕琢，但对材质要求甚高，注重突出颜色和质感，主要考量其比例协调及加工精致度。后者则更注重玉雕师的设计创意能力及雕琢技艺水平。无论素货还是雕件，都要求整体外形自然，饱满美观，无伤害肌肤的尖角和锐边。

（1）素货翡翠的工艺评价

素货翡翠主要包括手镯、戒面、珠链、玉扣（怀古）、随形挂件等。不同的品类对工艺有不同的要求。评价素货翡翠工艺总体要求造型优美、比例适当、对称协调、大小适中、抛光精细。

造型优美：素货翡翠要求弧面圆滑流畅，线条优美，简单来说就是外形要讨喜。比如翡翠手镯的条杆要圆润厚实，饱满圆滑；翡翠挂件的轮廓要美观，外形应饱满有质感，厚桩的挂件较薄片价值更高。

比例适当：素货翡翠线条简洁，比例不当就会缺乏美感。一般来说，常见饰品适合的比例是由审美观和传统习惯决定的，比如素货无字牌，较好的长宽厚比例有 50mm×30mm×8mm、60mm×40mm×8mm 等,过细长会显得不够端庄,过方正又会显得呆板。翡翠蛋面椭圆形理想的比例长∶宽∶厚为 3∶2∶1,过长、过宽或过于扁平会缺少美感,影响价值。

对称协调:形态自然、对称协调的素货翡翠端庄大方,对称性好的更符合传统审美。如:玉扣以圆形为中心,上下、左右对称,整件饰品厚薄匀称;手镯的条杆圆弧度均匀对称;戒面上下、左右对称,无偏离歪斜现象。为了保重,随形挂件外形轮廓多不对称,因此对称性好、整体协调规整的翡翠挂件价值要高于随形挂件。当然,有些为了规避明显的瑕疵,或者为了艺术创作而设计的不对称形要另当别论。

大小适中:用以佩戴的饰品,更需要注重大小适中。如平安扣,常见直径大小为 20～35mm,过大或过小,都会影响佩戴效果和舒适度。手镯圈口通常内径为 52～60mm,南方女性手臂较纤细,小圈口的手镯更为畅销,而大圈口的手镯在北方需求更大。

抛光精细:精细的抛光工艺使翡翠表面光泽亮丽,充分展现出颜色之美、玉质之美。若抛光欠佳,亮度就会减弱或不均匀,价值也会受到影响。

翡翠戒面的工艺及价值

翡翠戒面的样式很多,通常把椭圆形(俗称蛋面形)、圆形戒面称为正型,马眼形、水滴形、心形、随形等相对应为异型。正型戒面取料更难,同等情况下价值高于异型。

翡翠戒面(马眼形)

翡翠戒面(水滴形)

正型翡翠戒面根据断面形状,可分为单凸型(一侧为平面,一侧为凸面)、双凸型、扁豆型(双凸型中的极薄者)、凹凸型(一侧为凹面,一侧为凸面)。同等品质下,双凸、弧面饱满的翡翠戒面,用料最多,价值最高;其次为单凸型;再次是扁豆型和凹凸型(挖底型)。

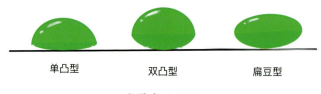

单凸型　　　双凸型　　　扁豆型

翡翠戒面形状

翡翠戒面要求外观饱满,美观、品相好者价格高。比如椭圆形戒面理想的长宽比例为1.33～1.75∶1;双凸型戒面中,上下比例较好的有9∶1或8∶2等,一般认为8∶2更饱满协调,价格更高。

异型戒面中,同等品质下价格从高到低依次为马眼形、水滴形(梨形)、心形、随形。

玉扣、玉璧、玉环及价值

玉扣(怀古)、玉璧、玉环都是扁平状圆形光身挂件,中间有孔,形态相似。

玉扣(怀古)也叫平安扣,常见直径24～30mm,厚度2～6mm。一般来说,20～35mm为中扣,大于35mm为大扣,小于20mm为小扣,小扣需镶嵌后佩戴。

玉璧相较玉扣会更厚桩,厚度多达5～10mm。只有足够厚度的玉料才能制作玉璧,因此玉璧比同等品质的玉扣价值更高。

玉环与玉扣、玉璧相比中孔较大,对一些瑕疵可以有效规避。其孔径与玉质部分边沿相等,呈圆环状。同等品质下,价值相较玉扣、玉璧略低。

翡翠玉扣（怀古）　　　　　　　翡翠玉璧

翡翠玉环

　　市面上常见有满色的铁龙生、干青种的翡翠玉扣，这种小玉扣用薄片制成，虽然佩戴效果不错，但耐用性相对较差，价值也较低。

18K金翡翠玉扣

有些玉扣、玉璧中间孔不在中心,或者外形不是正圆,甚至厚薄不均,这些一般都是规避瑕疵所致,会影响饰品的价值。

(2)雕件饰品的工艺评价

翡翠雕件的品类繁多,如摆件、屏风、挂件、手玩件等。按功能可分为摆件类和配饰类,配饰类又包括首饰类、把玩类。按题材可分为人物类、植物类、动物类、山子雕类等。

翡翠雕件要充分展现翡翠的色彩种质,雕刻创意时首先要量料取材,之后再因材施艺,选用适合的雕刻题材体现美好的希冀祝愿,完美融合玉石之美和艺术之美。

优秀的玉雕大师在于其能挖掘出看似平常的翡翠原料的内在美,通过自己独到的创意,成就令人拍案叫绝的神来之作,极大提升翡翠价值。

评价翡翠雕件的工艺价值,除素货翡翠要求的造型优美、比例适当、对称协调、大小适中外,还需要注重造型细节、布局设计、工艺技巧、色彩运用、抛光质量以及大师贡献等。

✦ 造型细节

翡翠雕件造型的完美程度不仅仅取决于整体造型的优美、比例恰当,还取决于细部形象的真实、生动。

人物类题材,传统人物有特定的形象,代表不同寓意。比如弥勒佛,又称笑佛,造型宽额大肚、对称完美,体现欢喜无忧、福气满满,有大肚包容之态。人物类的造型比例符合"站七坐五盘三"之说,即人物站立的高度为七个头的高度,而坐姿和盘腿分别为五和三个头的高度。人物类面部符合常规造型要求,表情刻画细腻生动,比如童子稚气天真,仕女秀美典雅,观音端庄典雅。人物服饰衣纹要随身合体,体现厚薄软硬质感,在同一方向有连贯性,翻转折叠需线条顺畅,动静结合。除了长宽比例,还需关注雕件的厚度。

观音开脸祥和、衣纹清晰、线条流畅　　童子舞狮整体比例协调、童趣盎然

植物类题材,又称花草件。整体构图要求丰满、美观、真实,布局得当层次清晰,造型要求栩栩如生,挖脏遮绺自然巧妙。比如竹子挂件体现风骨、要修长清瘦;葫芦挂件寓意福禄,要求对称性好,曲线分明,均匀饱满。

竹子挖脏遮绺自然巧妙　　葫芦饱满、线条优美、对称性好

动物类题材,分为自然界现存的动物类和神话传说中的灵兽类。要求整体布局合理,造型生动传神,自然界现存的动物要符合动物本身形态和习性;灵兽则形象夸张,汇集了多种动物的特点,但也要符合约定俗成的造型基本元素。比如狮子摆件形态凶猛,头部要大,高高昂起,有威猛之态。貔貅摆件的形体特征为龙头、马身、麒麟角,头顶有角,全身有鬃毛,最大特点为无肛门,整体形态应头昂身肥臀部饱满,寓意招财进宝,八方来财。

龙牌造型生动,形态特征约定俗成

站佛、坐佛、观音的价值比较

通常情况下,正型耗料的雕件价值高于就料的雕件。而大部分站佛、布袋和尚都是就料加工,其价格要比同等品质的坐佛便宜三成。观音饰品对神态、发丝等细节要求较高,雕刻难度要大于佛公,因此观音饰品价值要高于同等大小、品质的佛公饰品。

布袋和尚

观音

佛公

✦ 布局设计

翡翠雕件是玉雕师对玉料综合评定后设计精心设计创作而成的。确定造型和题材的同时,还要兼顾考虑构图布局设计,做到内部构图与整体造型协调一致,陪衬点缀要突出题材主题,不能喧宾夺主。

整体构图布局做到疏密有致、画面清晰不乱。如纹饰运用要得体,装饰性纹饰修饰边缘或遮盖瑕疵,刻画性纹饰要合乎题材、神韵自然、突出主题。

✦ 工艺技巧

翡翠雕件是精心雕琢的艺术品,雕工的细致准确,工艺技法的巧妙运用,都附加成就其艺术价值。雕刻工艺中的圆雕、浮雕、镂空雕、线刻等多种工艺技法,在作品上的巧妙应用,使题材创作得到充分展示。一般来说,工艺难度越大,技艺要求越高,价值亦会越高。

✦ 色彩运用

翡翠颜色丰富多彩,雕刻中对色彩的运用非常重要。单色翡翠要将亮色部分放在饰品的焦点位置,既突出醒目又与整体协调统一。对于多色玉料,则需要充分利用色彩色形表达雕刻主题,做到构思巧妙、色彩协调、相映成趣。

俏色是突出色彩之美、种质之美的加工创作技巧,更为精彩的是通过创意设计,将玉料中的脏色杂色巧妙利用,变废为宝。俏色对突出题材具有重要作用,俏色部分,往往是整件作品出彩之处。故宫博物院的"翡翠白菜"就是最好的范例。

"翡翠白菜"故宫博物院藏

✦ 抛光质量

抛光质量是加工工艺质量的重要部分，直接影响饰品的美感，进而影响其品质价值。高档翡翠更需要高质量的抛光，优质的抛光注重细节，雕件整体光亮且均匀，充分凸显翡翠的光彩和璀璨。大部分翡翠饰品都采用高光效果，体现翡翠晶莹剔透之美。在一些墨翠饰品中，有时会采用高光和亚光相结合工艺，体现翡翠饰品的层次感。

墨翠饰品采用亚光和高光的工艺结合

✦ 大师贡献

玉雕名家大师的创新设计能力和精湛技艺水准，使其雕刻作品的价值远远高于一般的作品。大师对作品价值的贡献源于其不同凡响的综合实力，以及知名度和影响力。大师翡翠作品往往在用料、设计、工艺上都胜人一筹，表现手法更为独特，更具艺术性和附加值，有些大师雕刻的翡翠作品增值可达数倍。

翡翠雕件中常见的装饰纹

翡翠雕件中的装饰纹，主要为了修饰边缘或遮盖瑕疵，常见有谷纹、云纹、波浪纹、缠枝纹、如意纹等。纹饰雕琢要求清晰生动、线条流畅，细节处无瑕疵遗留痕迹。

如意纹　　　　　　　　　缠枝纹

(3)镶嵌翡翠工艺评价

翡翠的镶嵌工艺为翡翠提供了更多设计灵感和表达方式,达到保护裸石、提升美感和提高翡翠价值的目的。

种色俱佳、价值较高的翡翠,通过搭配K金、钻石来凸显其奢华和时尚。一些小且薄的翡翠通过镶嵌,使外形更加丰富饱满,融入时尚元素,吸引年轻消费群体的关注。此外,一些破损的翡翠雕件、手镯通过镶嵌工艺重获新生。

越来越多的传统金工工艺(花丝镶嵌、珐琅工艺、錾刻工艺等),在翡翠饰品加工上得以传承创新,焕发出新的活力。

对镶嵌翡翠的工艺主要从整体形态、结构工艺、金属工艺、配件等方面进行评价。

✦ 整体形态

主体图案纹样需形象自然,布局合理,主题突出,色彩搭配协调,整体造型美观。

✦ 结构工艺

吊坠类要求重心稳妥,挂鼻位置适当且穿链的空间大小合适,便于搭配链条;戒指类要求圈口周正,厚薄适中;链条链身基本垂直,形态自然,搭扣牢固;手镯镯身平整、周正,线条流畅。

✦ 金属工艺

表面、边棱、尖角处光滑,焊接牢固,没有沙眼及明显划痕,单件首饰颜色均匀一致。

✦ 配件

配件尺寸要与主体协调匹配,弹性配件需弹性佳,整体灵活牢固。
另外,印记需清晰,准确反映材质、纯度、质量大小等信息。

金镶玉

"金镶玉"是中国古老的一种金玉加工工艺,学名叫作"金银错嵌宝石玉器",即把金丝或金片嵌到玉石里面。这种金玉结合的镶嵌工艺能很好地将两种材质融为一体,具有"金玉满堂"的寓意。

选购金镶玉饰品主要关注玉的材质和镶嵌工艺两方面。要仔细观察玉质是否有裂纹、棉絮,有些翡翠手镯用金纹描绘的祥云、花草、如意的图案修饰手镯,看起来古色古香,但是这种工艺通常是为了修补翡翠手镯的裂纹。

金镶玉修复工艺

花丝镶嵌、珐琅工艺、錾刻工艺

花丝镶嵌：是"花丝"和"镶嵌"两种制作技艺的结合，是中国传统的一种手工技艺，列入国家级非物质文化遗产名录，具有明显的中国特色和民族风格，在燕京八绝中位居前列。花丝工艺：指用不同粗细的金属素丝（金、银、铜）搓制而成的各种带花纹的丝，并用这些花样丝掐制出各种不同的图案，经过不同的工艺制作出精美绝伦的产品。镶嵌工艺：是指一种物体嵌入另一种物体。这里指把珠宝翠钻、精石美玉镶嵌在通过花丝工艺制作的饰品上。镶嵌工艺与花丝工艺相互独立，又可互相结合。

花丝镶嵌工艺

珐琅工艺：珐琅是将经过粉碎研磨的珐琅釉料，涂施于经过金属加工工艺制作后的金属制品的表面，经干燥、烧成等制作步骤后，所得到的复合性工艺品。珐琅工艺虽是从外国传入中国，但经过我国艺人努力钻研，结合我国锦玉瓷漆的传统技法与装饰花色，创造出"景泰蓝"（掐丝珐琅）工艺新品种，并在世界享有盛名。现如今，珐琅工艺亦被广泛使用于金银饰品及珠宝玉石的镶嵌当中。

錾刻工艺：是一种中国传统的手工技艺，能展现别具一格的艺术风格，至今已有数千年的发展历史。完成一件精美的錾刻作品需要十多道工艺程序。匠人在设计好器形和图案后，手工操作各种各样的錾子和锤子将金、银、铜板直接打制出各种形状或花纹图案。常见纹样有花卉、山水、动物、宗教人物等。

珐琅工艺

錾刻工艺

3.3 影响翡翠价值的其他因素

翡翠兼具珠宝和文化属性,不仅是人们喜爱的饰品,更成为世人推崇的收藏品。翡翠作品如果兼具奇特性、配对成套、名人效应、获奖等,更会提升其价值。

(1) 奇特性

自古以来就有"奇珍异宝"之说。翡翠属个性化物品,奇特是衡量翡翠工艺价值的重要因素,越珍奇罕见往往价值越高。

(2) 配对成套

翡翠材质千变万化,能够达到题材要求的配对成套更是不易,故价值远远高于单品。比如对瓶,龙凤对牌,对镯,珠链,镶嵌成套的戒指、挂件、耳环等,要求种水均匀统一、颜色一致或协调辉映,往往难度很大,因此成对或成套的翡翠作品价值更高。国人讲究好事成双,藏家也喜爱收集配对成套的货品,同一系列的印章、摆件也往往价值不菲。

一对童子挂件

一对手玩件

(3)名人效应

玉雕创作者的名声地位和出品的数量影响着作品的价值,有名家落章或证书的作品更具有收藏意义。有些艺术新星的作品也会随着其名气增长有较大的增值空间,这就需要藏家有敏锐的眼光。

此外,被名家收藏的珠宝历来是拍卖场上的娇宠,其成交价也远远高于其他货品。名家收藏的传承脉络能更好地保证拍品的真实性,也让拍品本身更具有传奇色彩。

(4)获奖

每年由中国珠宝玉石首饰行业协会主办的中国玉石雕刻"天工奖",由中国轻工业协会、中国工艺美术协会主办的"百花奖"等,都是对玉雕作品的艺术价值进行综合评价而评选的。这些作品往往创意新颖、制作精细、工艺精湛,无论用料、设计、技艺都是一流的,作品往往不同凡响,具有极高的收藏价值。

4 翡翠赏购

4.1 常见纹饰寓意

翡翠饰品装饰扮靓生活,更是人们精神寄托的物质表达。"玉必有工;工必有意;意必吉祥",这些吉祥纹饰来自人们的期望信仰、神话故事、动植物谐音等,与中国的传统文化水乳交融。不同纹饰图案寄托了人们祈求吉祥安康、驱邪避凶的美好期望,表达了人们对美好生活的向往。下面我们梳理一下不同纹饰的寓意。

4.1.1 祈福平安

笑佛:取材于大肚弥勒佛造型,大肚能容天下难容之事。静观世事起伏,笑看风起云涌,是解脱烦恼的化身。佛亦平安,寓意有福(佛)相伴,故有女戴佛之说。

观音:观音世事洞明,遇难成祥获得福报,是救苦救难的化身。也可保佑家庭吉祥安康,子孙绵延。因观音谐音"官印",故有男戴观音之说。

葫芦:葫芦自古便是仙家法器,谐音"福禄"。若旁边还有小兽模样的装饰,则为福禄寿之意,可辟邪纳福。因葫芦多籽,代表生命力旺盛,故有多子多福的象征。

| 笑佛 | 观音 | 葫芦 |

| 蝙蝠（顶部两边） | 平安扣 | 葫芦与辟邪兽 |

寓意祈福平安的翡翠

蝙蝠：蝙蝠与"福"谐音，寓意福从天降。五只蝙蝠与寿桃寓意五福献寿。和铜钱在一起寓意福在眼前。与日出或海浪一起寓意福如东海。与天官一起寓意天官赐福。

羊：羊与"祥""阳"谐音，三只羊寓意三阳开泰，有大地回春、万象更新的意义。

大象：寓意吉祥，与瓶子雕刻一起寓意万象升平、太平有象。

麦穗：取其岁岁平安之意。

平安扣：平安扣在古时也称为"璧"，圆润外形符合中华传统文化思想的中庸之道。寓意平平安安。

路路通：其形中空由细绳穿孔而过，可随着佩戴者的运动而滚动。象征道路畅通无阻，各方面发展顺利。

光牌：因牌光面无纹饰，古人取无事之谐音。寓意平安无事，福寿绵长。

钟馗：常以钟馗捉鬼的造型呈现，正气凌然，刚直不阿。镇宅辟邪挡灾，寓意扬善驱邪，期待获得平安幸福。

4.1.2 招财进宝

貔貅

金蟾

佛手

寓意招财进宝的翡翠

财神：财神是传说中给人带来财运的一位神仙，佩戴翡翠财神寓意财运亨通、平步青云。在中国财神的形象有很多种，其中有五大财神：财神始祖王亥，文财神比干、范蠡，武财神关羽、赵公明。现在市面上常见到的财神爷为文财神范蠡、武财神关羽。商贾们敬佩关公的忠义知恩，把关公奉为他们发家致富的守护神。寓意辟邪挡煞。

貔貅：貔貅谐音辟邪，传说是龙的第九个儿子。身形似狮，口大腹大无肛门。喜食金银财宝，且有特殊的生理构造只进不出，所以被视为招财、守财的祥瑞之兽。

金蟾：古语云"凤凰非梧桐不栖，金蟾非财地不居"，故金蟾被认为是招财镇财的吉祥之物。常见三脚金蟾口衔铜钱造型，意为腰缠万贯。

螃蟹：螃蟹有八条腿爬行特别平稳。寓意发横财，且四平八稳步步高升。又同乌龟、甲壳虫一样寓意富甲天下。

老鼠：代表顽强的生命力，常与铜钱一起寓意数钱。

佛手：也有发财就手，财运亨通之意。

葫芦：外形圆润饱满、口小肚大，能广纳金银，是守福聚财的绝佳宝物。

4.1.3 事业有成

龙　　　　　　　　鲤鱼　　　　　　　　树叶

寓意事业有成的翡翠

龙：鳞虫之长，春分而登天秋分而浅渊。头有双角称为龙，单角称为蛟，无角称为螭。古时玉佩常见的大小双龙牌，就称之为子母螭。除了象征尊贵的地位，还寓意着平步青云，龙行天下。

鳌鱼：龙头鱼身，是鲤鱼误吞龙珠而变成龙后升天。寓意独占鳌头、平步青云、飞黄腾达。

鲤鱼：常与莲花雕刻在一起，寓意年年有余、吉庆有余。鲤鱼跳龙门寓意高升一级、飞黄腾达。与渔翁一起雕刻寓意渔翁得利。

猴子：与马一起寓意马上封侯。与印章一起寓意封侯挂印。大猴背着小猴寓意辈辈封侯。

马：象征着马到成功、事业腾达。马上驮着元宝象征马上发财。

狮子：表示勇敢，两个狮子寓意事事如意。与"师"谐音，有太师之意，表示位高权重。

鹿：谐音"禄"，寓意福禄常在。与官人在一起表示加官受禄。

树叶：女子佩戴象征金枝玉叶。叶与"业"谐音，也寓意事业有成、安居乐业。

4.1.4 益寿延年

福禄寿三星：在中国神话中，寿星又称为是南极仙翁，象征着长寿。老人多佩戴寿星，祈愿身体安康不受病痛困扰。如果寿星身边还有帝王及文官形象，则为福禄寿三星。福星紫薇大帝，掌管人间福气的分配。禄星文昌星，掌管人间功名利禄。三星聚在一起又叫三星高照，寓意长寿有福，且有官禄运。

龟：作为自然界中现存的最古老的物种之一，龟被视作长寿和祥瑞的象征。玉雕中的龟大致可以分为三种：脚踩八卦，镇宅避邪的八卦龟；脚踩钱币，招财进宝的金钱龟；龙头龟身，吉祥富贵的长寿龟。

仙鹤：古人以鹤为仙禽，寓意长寿。与松树一起寓意松鹤延年，与鹿一起寓意鹤鹿同春。鹤有一品鸟之称，又意一品当朝或高升一品。

花生：取长生不老，生生不息之意。

佛手：佛手与福寿谐音。

4.1.5 修身养性

小沙弥　　　　　　　　梅花　　　　　　　　竹子

寓意修身养性的翡翠

老子：春秋时思想家，道家创始人。老子的根本思想就是自我、平常、和谐及循环。

渔翁：渔翁是传说中一位捕鱼的仙翁，每下一网，皆大丰收。佩戴翡翠渔翁，生意兴旺，连连得利。渔夫与农夫、樵夫、书生组合在一起叫作"渔樵耕读"。渔、樵、耕、读在古代农耕社会是非常重要的四种职业，同时也表示官宦人家退隐后的理想生活。

蜘蛛：寓意网罗四方，广结人脉。且常雕刻在一只脚的形象上，寓意知足常乐。

梅花：五朵花瓣分别代表福、禄、寿、喜、财。与喜鹊在一起寓意喜上眉梢。与松竹一起寓意岁寒三友，象征品性高洁。

兰花：与桂花在一起表示兰桂齐芳，寓意子孙优秀。

竹子：象征高雅品位，寄托了淡泊名利、廉洁正直的君子之风。亦有事业蒸蒸日上、节节高升之意。

菊：富贵之意，与松在一起则寓意松菊延年。

4.1.6 幸福美满

龙凤　　　　　　如意　　　　　　福瓜

豆角　　　　　　莲荷　　　　　　鲤鱼

寓意幸福美满的翡翠

凤凰：也是传说中的瑞兽，被称为"百鸟之王"。相传凤凰垂死之时会生出熊熊烈焰焚烧自己，然后在灰烬中涅槃重生。代表着光明、吉祥、善良和勇敢等美德。凤凰本身有雌雄之分，雄的为"凤"，雌的为"凰"。在传统文化中，凤也会化为雌身，与龙配对寓意龙凤呈祥、琴瑟和谐、幸福美满。

灵芝：在古代民间，灵芝被人们视为具有救死回生、长生不老的神奇功效的仙草。如意是我国传统的吉祥之物，由云纹、灵芝做成头部衔接一长柄而来。古时帝王将相结婚的时候,都会在床头摆放一块玉如意,寓意家庭和睦、安康福气。

瓜果:也称福瓜,以其多籽寓意子孙延绵、多子多福。

喜鹊:两只喜鹊寓意双喜;和梅花一起寓意喜上眉梢;和獾子一起寓意欢喜;和豹子一起寓意报喜;和莲在一起寓意喜得连科。

豆角:四颗豆子排列寓意四季都像饱满的豆子一样丰收满满,也称四季发财豆或四季平安豆。若是三颗豆子排列,则寓意连中三元。(科举制度称乡试、会试、殿试的第一名为解元、会元、状元,合称"三元"。)

莲荷:一对莲蓬寓意并蒂同心。与梅花一起寓意和和美美;和鲤鱼一起寓意连年有余;和桂花一起寓意连生贵子。

鲤鱼:也常常含有如鱼得水,形容感情融洽之意。

辣椒:寓意生活红红火火,交运发财。

牡丹:花开富贵,与瓶子一起寓意富贵平安。

4.1.7 学业有成

麒麟:麒麟的形象为麋身,马足,牛尾,黄毛,圆蹄,角端有肉。相传麒麟只在太平盛世出现,故有麒麟送福之说。麒麟送子则有杰出人才降生的寓意。

雄鸡:吉祥如意,常与五只小鸡一起寓意五子登科。

童子:童子天真无邪,逗人喜爱,代表他们送来的好运也是最纯净的。童子的形象有很多:执莲童子寓意多子多福;骑着麒麟的童子寓意麒麟送子,孩子聪慧可爱;手托元宝称送财童子,寓意财源滚滚;手拿如意称如意童子,寓意吉祥如意。

猪:猪肥硕健壮显得吉祥喜庆,是财富的代表。又因古代写金榜题名要用红朱(猪)笔写,而蹄与题谐音。猪也寓意步步高升,金榜题名。

蝉:蝉的鸣声可谓是余音绕梁,所以有一鸣惊人之意,佩戴于胸前象征着一飞冲天;佩戴于腰间象征腰缠万贯。

4.2 翡翠的选购

所谓"黄金有价玉无价",由于翡翠这些玉石的质量评价迄今没有科学的标准化体系,往往令购买者对其真假、价值等心存疑虑、无所适从。掌握翡翠饰品的选购技巧,了解常见购买渠道,对于提升购买能力和信心很有意义。

4.2.1 常见类型饰品选购

挑选翡翠饰品,首先,要看其玉质品质和加工工艺,包括颜色、质地、透明度、品相、雕刻工艺等。如颜色是否漂亮协调,质地是否细腻灵润,水头是否通透清亮;品相是否端正饱满,设计创意是否新颖,造型是否优美,布局是否协调,雕工和抛光是否精湛精细。其次,要仔细观察是否有裂、棉、石纹、杂质等影响净度的瑕疵,以及这些瑕疵的大小、位置及其对饰品品质、价值的影响。

除了翡翠饰品本身的品质需要留意外,与佩戴者人饰相符也很重要。所谓千人千面,每个人各自身份、年龄、体型、气质、生活环境各异,应根据各人特点,选择适宜的饰品,"扬长避短、锦上添花",以达到最佳审美效果。如男士选择刚毅有力的翡翠扳指;女士选择温柔圆润的翡翠手镯;年长的选择如水墨画般优雅的飘花翡翠;年轻的选择如朝阳般灿烂的黄翡;正式场合选择大气的阳绿翡翠套件;休闲场合选择单件的一抹绿色。

镶嵌翡翠饰品选购

翡翠也时尚。在许多人的认知里,翡翠往往是上了年纪的人才适合佩戴的饰品。因为翡翠温润、内敛的质地和传统纹样的雕刻设计,与端庄优雅的长者更为相符。其实现代翡翠首饰通过镶嵌设计,不仅使翡翠与钻石、彩宝相映生辉、相得益彰,更是融合了东方古典与西方时尚元素,凸显出翡翠的魅力,赋予翡翠新的珠宝时尚与文化内涵,深受许多年轻消费者的喜爱。

镶嵌翡翠优点

①镶嵌工艺让一些虽然个头小巧但品质佳的翡翠有了更好的价值体现,同时融合了东方珠宝的意境神韵与西方珠宝的理性写实。②镶嵌、封底工艺还能美化翡翠产品。种好的更加聚光通透,色淡的提升鲜艳程度,不正色调通过互补色中和,有棉有纹的在视觉上得以掩盖瑕疵。③较薄的翡翠经过镶嵌还可以提升安全性,不那么容易受到磕碰等破坏。

创新镶嵌设计

镶嵌翡翠选购注意

镶嵌翡翠,特别是封底的镶嵌翡翠,由于不易全面直观观察其材质品质,购买时更要细致识别,比如:材质是否过薄;是否存在被遮盖了的底部瑕疵等,避免价不符实。

翡翠的封底,分为打盖、网封、封死三类。打盖是指翡翠在封底之后,还能够打开盖子来观看翡翠底部,相对来说其品质看得见,有保障,升值空间更大。网封是指以网格状封底,可以透过缝隙观察。封死是指无法打开封底,遇到这种情况时需多加留心。

打盖(关闭状态)　　　打盖(打开状态)　　　网封

镶嵌翡翠的不同封底形式

翡翠薄片饰品选购注意

薄片又称薄水。指将绿色发暗、透明度低的翡翠料,切磨成薄片状,以改善原本的颜色和透明度。

薄片最初的目的是让原本种水不太好的翡翠能最大限度地展现出它的美。薄片做工精致、造型美观,如果想要满绿、种水好又想要低价,薄片是一个不错的选择。

一般翡翠挂件的厚度是 4～10mm,翡翠薄片的厚度通常都在 3mm 以下,甚至很多都是 1mm 左右。但是如果厚度太薄,随便一捏或稍微有剧烈碰撞就容易破碎。一定要注意分辨识别,防止厚度过薄而影响牢固度,或者以次充好而价格虚高。

为什么不能看图买翡翠?

"月下美人,灯下美玉",意思是眼见有时候也不一定为实。

暖色光下的翡翠(色调偏黄)　　冷色光下的翡翠(色调偏蓝)

不同光源下翡翠颜色的对比

无色翡翠在偏冷光照射下质地会更通透,有色翡翠在偏暖光照射下颜色会更浓郁。紫罗兰翡翠在黄灯下是偏暖的粉紫,在白灯下是偏灰的蓝紫。而晴水翡翠绿色清淡而均匀,在灯光下显得温润柔和,但在烈日等强光之下,颜色就会变得相当淡薄。粗豆种翡翠,在自然光下颗粒状会更明显,但在灯光下会则比较均匀好看。

白底黄光　　　　　　　白底白光

黑底黄光　　　　　　　黑底白光

黄光下呈粉紫色，白光下呈蓝紫色
白底下结构更细腻，黑底下白棉更明显

除了不同光线的影响，翡翠在不同底色上也有不同的视觉效果，照片往往未必能真实再现实物的颜色和质地，也无法准确判断实际饰品的造型厚度及细节。

翡翠颜色浓阳程度、质地透明度、造型厚薄等略有不同，价格都会差之毫厘谬之千里。因此，购物切忌仅仅看图买货，被一些不实的"仙子图"蒙蔽双眼。尤其是线上下单前要问清各种售后规则，避免因为网上照片与实物不符带来的一系列麻烦。

一般来说，观察翡翠颜色最好的方法是利用窗边自然光，晴天选上午十点到下午两点间的时间，看到的就是最接近翡翠自身的颜色。

(1)翡翠挂件

✦ 常见类型

立体挂件：厚度有高低起伏，具一定空间感。观音、佛、寿桃等大多都属于此类。

平面挂件：与立体挂件相反，在一个面内任取两点可连成直线。常见形状有椭圆形、长方形、圆形等。

随形挂件：因料取材而造成的非常规形状，具有很强的独特性。精巧的设计构思，高超的雕刻工艺可提升其附加价值，弥补一些原料本身的不足。

什么是厚桩、正桩翡翠

"厚"指翡翠上下两个面的距离，"桩"指翡翠的器型。厚桩是对翡翠长度、宽度和厚度上的相对比较而非绝对。一般来说，常规翡翠挂件厚度在5~6mm之间，大于8mm才能称得上厚桩翡翠。除了厚度以外，厚桩翡翠还要求浑实，不能有过多的镂空设计。在种水一样的前提下，厚桩翡翠要比普通翡翠价值更高。

"正"指翡翠器型对称端正，比例协调。严苛的要求，让正桩翡翠看起来更加优雅大气。在种水一样的前提下，正桩翡翠也比普通翡翠价值更高。

✦ 选购注意

品相厚实饱满，尤其注意佛公、福瓜、寿桃等立体挂件。如图(1)佛公两侧厚度均匀，肚子尤为厚实饱满。图(4)则单侧偏薄品相欠佳。

整体比例要协调，展现均衡对称的美感。尤其注意人物挂件脸部颜色匀称，五官比例对称得当。如图(2)上下比例均协调，看起来舒展大方。对比之下图(5)底部面积过大，图(6)头重脚轻，看起来就显得局促、不舒服。

细节上线条要流畅清晰，注意边缘无缺口。如果部分线条过深、镂空过多,不仅在造型上影响美观,还影响佩戴的牢固度。如图(3)细节刻画传神逼真,线条行云流水一气呵成。

立体挂件

平面挂件

随形挂件

翡翠挂件常见类型

图(1) 品相厚实饱满

图(2) 比例协调

图(3) 雕刻线条流畅

优质翡翠挂件

图(4) 单侧偏薄

图(5) 底部面积过大

图(6) 头重脚轻

欠佳翡翠挂件

翡翠挂件的选择范围比手镯、戒指宽松，没有佩戴尺寸的限制。但需要注意的是，挂件雕刻往往含有不同寓意，尤其是在馈赠亲友时应该符合对方的身份及审美喜好。

什么是"无绺不刻花"

品质好的翡翠一般采用素面加工，不进行大面积雕琢，仅在局部雕琢些小纹饰以表达主题。故在原材料品质、大小相同的情况下素面翡翠的价值高于雕花翡翠的价值。

高品质的素面翡翠

活泼的童子

笑脸的佛

同等品质人物图案挂件要贵于花鸟图案

翡翠雕刻中人物有固定的审美比例关系，难以用花纹遮蔽瑕疵。而花草种类繁多，可以因料取材、巧妙规避。故在品质、大小相同的情况下，人物图案挂件的价值高于花鸟图案挂件的价值。

人物挂件的选购注意

脸部颜色要均匀，不可有瑕疵。五官要端正，神态要符合大众认知。如佛要笑脸，观音要慈善，童子要活泼，关公要威严。除了脸部比例外，身材比例也很重要，符合"站七坐五盘三"。

我们常说的"站七坐五盘三"是指：人物站立高度为7个头，坐姿高度为5个头，盘腿坐高度为3个头。只有各个部分比例协调，形象才能逼真优美。

(2)翡翠手镯

圆条镯(福镯)　　　　扁条镯(平安镯)　　　　贵妃镯

翡翠手镯常见类别(形制)

✦ **常见类型**

圆条镯(福镯)：内外圈皆圆，条杆也是圆的。因内外皆圆，取圆满之意，也称为福镯。古典优雅、端庄大气。圆条镯条杆要求圆且厚，费工费料较为难得。是国际各大拍卖会的常客，深受藏家喜爱。

扁条镯(平安镯)：内圈平、外圈圆，条杆半圆。因内圈扁平，取平平安安之意，也称为平安镯。深受大众喜爱，适用性广。扁条镯与圆条镯相比，更灵动、贴手、轻便。

贵妃镯：内圈平、外圈圆，条杆半圆。长度大于宽度呈椭圆形，精致小巧。

北工方镯：或者内圈圆，外圈圆，条杆是矩形的；或者内圈圆，外圈八边形，条杆类似矩形。造型上往往有棱有角，品相大气。市场上少见。

麻花镯：北方称麻花，南方称绞丝。苏州工艺会把麻绳状的镯子分开，做成3股、4股，甚至6股。玉镯中少见。

美人镯：内圈圆、外圈圆，条杆直径细且圆。美人镯适合身材小巧、手腕纤细的人佩戴。

市场上常见的为前三种形制的手镯，从用料上来说，圆条尽料，扁条省料，贵妃镯就料，因此高档手镯同等品质与大小的情况下，圆条镯价值最高，扁条镯其次，贵妃镯最低。

✦ 选购注意

体型与手型：体型娇小、手型纤细的女士适合佩戴细杆圆条镯或条杆稍微窄一点的翡翠手镯，可以略显丰盈、清秀优雅。体型高大、身材丰满、手型圆润的女士适合佩戴稍微宽厚一点的扁条镯，显得舒适贴手、协调大方。身材小巧、手型纤细的女士适合佩戴贵妃镯，更加体现娇柔之美。

年轻女性

中年女性

老年女性

不同年龄女性选购注意

年龄：年轻女性朝气蓬勃，适合佩戴颜色浅淡的手镯。紫（春）色手镯颜色甜美，价格相对实惠，不失为一个好的选择。款式上，不妨考虑小巧精致的贵妃镯。

中年女性成熟干练，适合选择各种颜色和种质翡翠手镯来搭配。条件允许的情况下，优选有质感的手镯，如绿色糯种、各色冰种，甚至玻璃种的手镯。款式上，圆条镯和扁条镯都可依个人喜好配选。

老年女性从容优雅，更适合颜色比较沉稳的，如性价比很高的豆青和油青手镯，或质感更好的蓝水手镯；条件允许的情况下，可以选择高档阳绿冰种手镯等。款式上,身形纤细者可选典雅的圆杆手镯,身形丰满的可选条杆宽厚一些的手镯,平安镯也是不错的选择。

做工:外形轮廓要对称;比例要得当,圈口小,杆子相应要细一些,圈口大,杆子相应要粗一些;表面打磨要光滑透亮。

手寸:指手镯的内圆直径的大小。过小则勉强戴进会使手部红肿血液不通;过大则随着手部晃动容易滑落。知道圆镯手寸要想佩戴贵妃镯,一般来说要在圆镯尺寸上加1.5～2.5个尺码。

手镯尺寸测量及佩戴的技巧

确定手镯尺寸:拇指靠内侧手指并拢,用卷尺环手周长一圈,以松紧舒适为宜。绳子则先做好标记,再测量绳子长度。需要注意的是,测量长度一般应增加1～2mm才便于佩戴。年纪较长者的骨头偏硬,可以适当增加2～3mm。

宽条手镯比窄条手镯更难佩戴,椭圆形贵妃镯比圆形手镯更难佩戴。有时候虽然手部宽窄尺寸一样,也会因为不同人骨头的软硬收缩程度不同,而适合不同手寸的手镯。所以最好到珠宝店亲自试戴,绳子围圈测量仅作参考。

在佩戴翡翠手镯前可以涂一些护手霜或套上保鲜袋,增加润滑避免因摩擦而产生红肿。佩戴时将肘关节放在桌面上,手指手腕向上,肌肉放松时再佩戴。为了避免手镯不慎滑落破损,最好在下方垫一块绒布或毛巾。

为什么翡翠手镯比其他品类更贵

翡翠手镯类对原料要求最高,首先原料要足够大,至少直径要超过翡翠手镯的直径;其次是原料不能有明显裂纹等瑕疵;当然最好还能带些颜色(如绿色、紫罗兰、翡色等),还要有些水头。因此,手镯的价格较其他饰品高出许多。在翡翠行业,品质优良的大料首先会考虑加工手镯,其次才考虑做戒面、挂件等。

翡翠手镯的石纹与裂纹对品质的影响

平行于手镯的裂纹

翡翠的石纹或裂纹除了影响整体美观度,也会不同程度影响价值。在透光下仔细转动观察,若发现有细小纹路,用手指抠动感觉表面平整,则是石纹,对品质相对影响不大。若明显有凹凸的感觉,则需注意,这是使手镯价值大打折扣的裂纹。横切于手镯的裂纹比平行于手镯的裂纹影响要大很多,横切或者部分横切的裂纹更容易引起断裂。

(3)翡翠戒面

椭圆形(蛋面形)、马眼形

圆形戒面

翡翠戒面常见类别(形状)

★ 常见类型

翡翠戒面的类型很多,通常把椭圆形(蛋面形)、圆形戒面称为正型,马眼形、马鞍形、水滴形等称为异型。正型戒面取料更难,同等品质、大小的情况下正型价值高于异型价值,又以椭圆形(蛋面形)尤为受人喜爱。

✦ 选购注意

长、宽、厚比例协调

颜色均匀、正阳绿

翡翠戒面选购注意

比例:长、宽、厚比例要协调,厚度应为宽度的1/2左右才显得饱满,过于扁平则有失美感。

颜色:可从翡翠戒面顶面、侧面、底面不同方位观察颜色是否均匀,以正阳绿为佳。所谓"大件求水,小件求色",越是小巧的东西,对品质的要求越高。

瑕疵:打光仔细观察,瑕疵越少越好,瑕疵的位置越隐蔽越好。底部优于侧面,侧面优于正面。越隐蔽的地方,镶嵌后越容易被遮挡,对价值影响越小。

(4)翡翠珠链

✦ 常见类型

一般分为项链和手链。

项链从长短来分,有单串和双串。从珠子大小来分,有整条一样大小的,也有前部中间珠子大,依此逐渐变小至后搭扣的"宝塔项链"。

珠子等大项链

宝塔项链

翡翠珠链常见类别

✦ 选购注意

整体性:珠链要求珠粒整体大小均匀,颜色协调一致。配一串好的珠链,要切割至少三倍数量的珠粒加以选配。翡翠珠链一直是国际拍卖会的焦点,原因在于其得之不易。

细节:瑕疵绺裂会影响翡翠珠链的美观度和安全性,串珠的孔洞也要注意是否打在正中间。

大小及形状:珠粒的大小和形状直接影响珠链价值。大珠粒的价值高于小珠粒,圆珠价值高于桶珠等其他形状。同等品质,整条一样大小的项链比中间大两边渐变小的宝塔项链价值更高。

一般来说,冰种或以上种水且尺寸在12mm以上的翡翠珠链,属于收藏级别。糯种或以下的属于消费级别,市面大多以豆种为主(种水好的都会先考虑做手镯和戒面)。

较细的珠链

较粗的珠链

不同粗细的珠链形状对比

常见珠链规格

男士手链通常选择14mm的珠子;偏瘦体型或不希望手链太过醒目的男士,也可选择12mm;体型稍胖些的男士,或者身高1.75m以上,可以考虑18mm的珠子。女士佩戴的手链珠子要小些,选择8～12mm;若体型偏瘦或想要和其他手链一起搭配,可选6～8mm;较丰满可佩戴13～14mm。

短珠链比较实用,可搭配性较高。长串珠项链通常在正式场合佩戴,显示身份与地位。

(5)翡翠摆件

摆件是观赏性和收藏性并重的艺术作品,受到了爱玉人士的广泛喜爱。

✦ 选购注意

材质:摆件以外形饱满、立体规整的品相为佳,若质地较细腻带色则更好。与其他翡翠饰品相比,瑕疵对摆件价值影响较小。通过剜脏去绺的工艺处理,可以将一般的瑕疵与细小裂纹掩瑕显瑜,激发潜藏的美。但对于要求较高的人物题材,要特别关注头脸部细节有无瑕疵。需要注意大的裂纹,不仅影响美观,更直接影响牢固度,进而影响价值。

立体规整品相佳　　　　因料取材雕工佳

雕工:首先,图形比例要合理。其次,雕刻刀法要流畅。直的笔挺有力,圆的光滑流畅。最后,抛光细腻于细微之处见工夫。在优秀的玉雕师眼中,每一块天然翡翠都可以充分因料取材、因材施艺,巧色雕刻更是化腐朽为神奇。通过创意构思,创作出主题突出、寓意丰富,能与人产生共鸣的作品。

拼合摆件的识别

有时为了图案中的完整和巧妙,部分摆件中有拼接现象。如为了表现"红日高照""鸿运当头",会将翡色雕刻成太阳图案黏结拼合。可通过高强度光源照射可能拼合处,检查是否有拼合现象,或将摆件放入水中,通过折射率的不同,更容易观察到拼合缝。

摆件摆放的注意

大小合适。摆件的大小要跟放置空间契合,不能一味求大造成压抑感,也不能过小显得单薄而气场不足。

寓意合适。不同题材的摆件有不同的寓意,营业场所祈求招财开运适合财神类摆件,家庭祈求平安吉祥适合花开富贵纹样摆件。另民间还有一些约定俗成的说法,如金蟾摆件口中衔钱则头朝内摆放,寓意吐财。口中不衔钱的金蟾,则头朝外摆放,寓意聚财。

色彩合适。翡翠摆件的颜色要跟环境色彩协调搭配,一般来说,翡翠用卤素灯比普通的白色日光灯更能突显摆件美感。

4.2.2 常见用途饰品选购

翡翠的选购有多种用途,如日常佩戴、投资收藏、馈赠礼品等。不同使用目的购买对翡翠要求的侧重点也有所不同,下面分类介绍一下选购建议。

(1)日常佩戴

珠宝首饰在装饰中起着重要的作用,代表了一个人的爱好与品位。翡翠兼具传统文化与现代时尚于一体,是寄托美好生活向往,表达个人品位的极佳载体。

具体种类的选择,在4.2.1常见类型饰品选购中已做详细解释。需要注意的是翡翠难有十全十美者,所谓瑕不掩瑜。可根据自己对颜色、种质等喜爱偏好,接受其他方面的不足,便于寻到心仪之物。

(2)投资收藏

随着市场的发展,越来越多的人将投资、收藏的眼光投向了翡翠。一般来说投资、收藏翡翠除了考虑第3章翡翠价值评价中提到的玉质和工艺外,还要注意以下几点。

注重藏品质量

种、色俱佳的高端藏品

投资翡翠与其他收藏一样，不要一味追求数量，要注重品质质量，要注意高端性。市场发展越成熟，追求优质精品的人就越多，高端货品稀缺，比中低端的增值空间要大。翡翠饰品的质量不仅体现在材质本身，好的工艺也为其附加了更高的价值属性。俏色雕刻或者一些不常见的种质、题材都增加其稀有性。玉雕大师的名声、地位、出品数量都影响着藏品价格，但要注意辨别是真品还是他人仿品。

选准收藏时机

市场价已经很高的某些翡翠品种，再接手未必是明智之举。如前些年冰种无色翡翠价格接连十倍甚至几十倍疯涨，就不能在那个高价时期再盲目跟风追入。一直为收藏者追崇的翠绿翡翠，如果能选准收藏时机价低时入手，随着优质翡翠资源越来越缺乏，或能达到收藏增值的目的。

针对性收藏

各款式的冰种系列化收藏

各款式的瑞兽系列化收藏

收藏者要根据自己的爱好和财力,有针对性地收集藏品。爱好能增强收藏的兴趣,爱好与收藏结合其乐无穷。系列化、特色化的收藏会获得一加一大于二的组合价值,如对瓶的价值和增幅就远高于两件单瓶之和,各种种质、颜色的特色套饰等,也都值得系列化收藏。针对性的收藏便于深入研究,成为该特色领域的收藏大家、鉴别行家。

为什么翡翠值得投资收藏

观赏性：翡翠兼具美观时尚和财富价值属性的同时，还能满足人们的精神需求。其浓艳的色彩，温润的质地，不仅深受华人追捧，还具有世界性的价值认同。

耐久性：翡翠不同于字画、瓷器、古书籍等其他收藏品，不用担心受潮、蛀虫等破损，便于保存，适合代代相传。

稀缺性：翡翠产地稀少，且属于不可再生资源，人们的需求却在不断上涨。翡翠的稀缺性决定了它特有的收藏和投资价值。种好、色佳、工精的翡翠佳品非常少，小小方寸之间便浓缩精华万千。

投资收藏翡翠应当遵循由简到繁，从小到大，由低到高原则。首饰类可以作为初入门收藏投资者的首选，易保藏、易出手、可佩戴、风险小且价格灵活。雕件类因玉料设计巧妙、寓意吉祥而受到广泛欢迎。

(3) 馈赠礼品

翡翠饰品作为礼品，在人际交往中既可表达美好的祝福，留下珍贵纪念，又显得贵重有档次。

选购赠送为目的的翡翠饰品时，一般建议选择适用性较广的翡翠挂件饰品。避免赠送戒指、手镯之类的饰品，除了有手寸局限之外，这些饰品还有一些特定的意义。

选购时还需考虑不同翡翠饰品蕴含的不同含义，以适合不同对象表达祝福祝愿。送长辈，可以选择平安扣、葫芦、如意、四季豆等图案挂件，寓意平平安安、家庭和睦、安康如意。选择翡翠手镯做礼物，结婚时送给新娘，寓意男女双方心意联结，圈住对方；送给长辈，祈求圆满平安。新店开张或者乔迁之喜，送上貔貅，寓意招财镇宅；赠送牡丹花、花瓶等翡翠摆件，寓意花开富贵、祈福平平安安。

当然，选购的赠送饰品最好还能符合赠送对象的喜好、习惯。

儿童饰品的选购

适合孩子佩戴的翡翠饰品：①长命锁，表达了对孩子避灾驱邪的美好祝愿；②平安扣，寓意圆满、平安；③四季豆，寓意收获、四季平安，其中三颗豆角代表学业有成，连中三元；④路路通，寓意人生的旅途畅通无阻、事事顺利。

注意事项：①切不可过小，否则很可能误食；②通体尽量光滑圆润，避免棱角过于尖锐；③定期检查连接处，防止绳扣松动、脱落；④不宜过于贵重。

适合儿童的翡翠饰品

男士饰品的选购

适合男士的翡翠饰品

社会在进步，人们的审美也在发展，饰品早已不是女性的专利。君子以玉比德，翡翠相较于其他材质的珠宝饰品，更是受到了广大男士的青睐。

从图案上选择：观音，寓意希望事事顺遂；貔貅，寓意八方来财；光牌（方形素面），寓意平安无事；竹子，寓意事业蒸蒸日上、节节高升。

从样式上选择：翡翠手链古朴儒雅；翡翠扳指彰显身份尊贵，展示阳刚个性。

从颜色上选择：墨翠自然光下是稳重、浓郁的黑色，透光下是墨绿色，彰显庄重、严肃，可衬托男士的成熟和干练的气质；无色冰糯种材质则显得简约有品质。

4.2.3 选购渠道简介

作为消费者，都想花最少的钱买到最优质的货。不同购买渠道都有其自身特点，大家可根据自己的鉴赏水准、需求预算、议价能力等来比较选择。

(1)线下购物

＊商场专柜或者品牌专卖店：明码标价且质量有保障，购物环境舒适，服务态度专业，包装上档次，购物体验好。连锁店较多，售后的各种维修、保养甚至退换货都比较方便。但价格一般高于其他渠道。

＊旅游产地：品类繁多，可选择余地大。如果选择半成品再加工镶嵌，可能会比直接购买成品划算。但翡翠不同于一般日常特产，品质差一分价格差十倍，非专业人士难以鉴别，想在产地捡漏，实属不易。且由于地域距离因素，也使得旅游购物维权相对困难。

＊古玩玉器市场：价格较便宜，但市场较杂乱、真假相混，对购买者的专业辨别能力、市场价格行情掌握程度、议价能力、心理素质等要求比较高。

＊典当行、拍卖行：若不在意旧货，典当行也可以了解选购。但典当行不是以专业经营珠宝为主业，选择余地小品类少，想要买到捡漏货还需碰机会。拍卖行是高档翡翠的购买渠道之一，相对价位较高，适合投资收藏购买。从这些渠道购买货品，最好有一定的专业经验和辨别能力，货品的真假和质量还需购买时谨慎把握。

(2)线上购物

图片色差(非直观难以判断真实品质)

＊电子商务平台:营业不受时间地域限制,方便进行货品搜索对比,极大程度方便消费者挑选。缺点是只能以视频、图片为参考,来判断翡翠品质。图像可经人为调整,拍摄环境、角度不同,照片效果不同,常常不能真实反映货品实际。且仅看图片、视频难以观察到细微之处的裂纹、瑕疵。翡翠价值较高,在货物流通中的安全问题也偶有发生。

＊微商、私人朋友:有一定信任基础联系方便,价格也相对便宜。但有时照片与实物存在差别,且无发票、质保卡等保障。货物图被二级代理甚至三级代理多次加价转发,给退、换货造成实际困难。

总之,消费者要根据自己的鉴赏水准、需求预算、辨别真假能力以及议价能力来选择合适的渠道。若专业鉴别水准很高且议价经验丰富,可选到批发集散地或展销会淘宝,否则,最好选择专卖店、百货商场和品牌连锁店。当以收藏为目的或购置高端奢华品时,可多关注知名拍卖会和信誉好的专业珠宝展。

4.2.4　选购注意事项及常见误区

如今翡翠已是"旧时王谢堂前燕,飞入寻常百姓家"。为了购买到称心如意、货真价实的翡翠饰品,需注意以下几点。

(1)选购注意事项

辨别货品真伪。所谓"内行看实物,外行看证书",对于普通消费者而言,能一眼辨别翡翠真伪的还是少数,最好挑选配有由权威机构出具鉴定证书的翡翠。需要注意的是,翡翠鉴定证书只证明材质,并非对货品品质或者价格的证明。

根据款式、寓意选择适合自己的饰品。合理接受天然瑕疵,不要过度追求完美。翡翠是天然的玉石,一般都会存在不同程度的瑕疵。

不要轻信高标价、低折扣的销售方式,买前要多看多比较价格。为了拥有良好的消费体验,建议首选信誉质量有保证的专卖店、商场、知名拍卖机构等。

不要购买带产地名或其他修饰语(玉或翠玉等)含混命名的饰品。如直接叫青海翠、马来玉、阿富汗玉、台湾翡翠等,都不符合国家标准对翡翠命名的规定,且都不是翡翠。

索取写明全称的销售凭证、"三包"卡等并妥善保管。以便获得完善售后服务,更好地保障合法权益。

(2)选购常见误区

✦ 去集散地买翡翠

翡翠产于缅甸,人们往往认为到其集散地可以淘到性价比高的翡翠,但事与愿违的案例比比皆是,可能花了比当地商场、专卖店高的价钱,或是干脆买到假货。普通消费者到集散地买翡翠,最好能有专业人士陪同,否则事后发现上当,维权非常困难。

✦ 运气好能捡漏

珠宝是贵重物品,没有保质期一说,不可能随意打折。所谓"跳楼价""成本价"不过是商家的文字游戏。应多关注珠宝本身品质,多对比成交价而不是标价。近几年有商家用"大篷车"的方式销售,消费者事后发现吃亏上当了,也是维权无门。千万不要迷信捡漏,"馅饼"往往是"陷阱"。

有证书就"ok"

很多消费者觉得只要配备了证书就可以放心购买,殊不知证书也有假。只有由符合鉴定资格的专业机构、专业人士出具的证书才能成为公信证明。即便证书确认属A货翡翠,也只是证明其未经处理的天然属性,与翡翠质量档次无关,并不能依此确定其价值高低。同样要防止以次充好,高价购买。

线上销售新模式

很多消费者热衷于线上直播等便捷的途径购买,可能会出现实物与之前看到的视觉效果有差距的现象,因此需谨慎选购。贵重翡翠饰品最好能先付定金,看到实物后再成交,或提前约定售后退换方式。

翡翠常见的消费陷阱

玉髓(澳洲玉)　　翡翠(处理)(B+C货翡翠)　　钠长石玉(水沫子)

"混淆视听":相似易混淆的名词误导消费者。如"澳洲玉"其实是绿色玉髓。这是经常用来冒充翡翠的宝石,常做成戒面或珠链形状。

"移花接木":以处理过的翡翠充当天然高档品。如用染色翡翠假冒天然帝王绿翡翠,虽经改头换面但并不能带来价值提升。

"以假充真":以翡翠的相似品充当天然翡翠。如水沫子充冰种飘兰花的翡翠,尽管外观相似但价值相差甚远。

"以次充好"：以低价翡翠充当高价翡翠。如将绿色发暗、透明度极低的干青种翡翠料，切磨成薄片镶嵌后冒充高档翡翠。

4.3 翡翠首饰的佩戴与保养

对于翡翠我们总是把注意力集中在其品质、价值等方面，等心爱之物收入囊中就转移了注意力。其实翡翠首饰后续的佩戴和保养也有不少门道。如合适的佩戴为整体形象加分，合理的保养可使饰品焕彩如新。

4.3.1 翡翠首饰的佩戴

毋庸置疑，人的气质与形象是需要修饰的，而翡翠首饰恰恰能起到表现美、传递美的作用。佩戴翡翠首饰也是有技巧的，只有选配得当，人饰才能相得益彰，显现出与众不同的气质，成为一道靓丽的风景。

（1）场合相适

正式场合

职场

家居休闲

不同场合首饰佩戴

✦ 正式场合

一般佩戴相对高档的成套首饰。套饰在材质、风格、工艺上有协调性和一致性的要求。两件套饰应用的范围较广，可以配任何套装出入大部分场合。三件及以上套饰适合较为隆重的场合。正式场合请勿佩戴赝品。

✦ 职场

以职业装为主，体现的是庄重、干练的气质。可以选择大小中等、形状线条简洁的翡翠首饰，不要佩戴太过耀眼、夸张的首饰。颜色选择与服装相协调为宜，以调整职业装单调的色彩，突显活力。

✦ 家居休闲

在这种非正式场合中，佩戴小巧精致、色彩淡雅的翡翠。与休闲服搭配，于平淡中透出一份从容。

（2）人饰相宜

俗话说量体裁衣，就是指服饰要因人而异。翡翠首饰的选择也是一样，需根据各人的年龄、体型、脸型、肤色等选择款式、颜色和大小，使首饰的佩戴与个体相互协调，起到扬长避短、画龙点睛的效果。

✦ 年龄合适

少年：处于青春年华的女孩子，充满活力。适合佩戴一些小巧、时尚、简洁的款式，注重种水，无色的冰种、玻璃种翡翠可以彰显冰清玉洁的美感。少年时期佩戴首饰数量宜少不宜多。

青年：这是一个认知旺盛、自由浪漫的年龄段，青春飞扬。适合佩戴一些简单、自然、精致的款式，可以选择颜色或淡雅或丰富的翡翠，比如：无色、浅绿、紫罗兰，显示自然简单和轻巧柔美；白底青、阳绿、红翡，显示青春激扬和蓬勃朝气。青年阶段首饰款式不宜太过华丽。

中年：这个时期的女性成熟稳重，知性优雅，是佩戴翡翠首饰最好的年龄。适合用一些款式经典、雅致的翡翠首饰来彰显自身成熟魅力。可以选择各种颜色和种质的翡翠来搭配，比如可以选择颜色偏深的，或者油青种、晴水这类色泽均匀的品种，给人以宁静平和、沉稳大方的感觉。有条件的也可以选择冰种或者玻璃种各色翡翠，彰显高贵雍容。中年人不适合佩戴过于艳丽、夸张的款式。

老年：阅尽人间芳华，历经岁月沉淀，更显大气安详。这个时期适合佩戴一些颜色深的翡翠，如深油青种，或者"辣"色满绿翡翠。1997年宋美龄100岁诞辰宴会时，这位梳着传统发髻身着黑色旗袍的一代名媛，佩戴着整套翡翠首饰，那种雍容华贵，优雅大气，着实令人震撼。另外，翡翠珠链非常适合老年人选配，一条种色匀称的珠链往往可以成为点睛之笔，让整个人显得神采非凡、容光焕发。

✦ 体型合适

身材高大：一般不宜佩戴形状单一、颜色艳丽，而尺寸又小的翡翠，会给人小气的感觉。

身材娇小：不宜佩戴一些过大的翡翠，太大的吊坠、太宽的戒指等，都会愈发显得瘦弱。

身材矮胖：应选择细长而造型简洁的项链以增加视觉的延伸，至于耳环、戒指则应粗细得当，过粗令人觉得矮胖，过细则又与其较粗的手指不相称。

身材高瘦：为使脖子显得圆润，宜选择短小而简洁的项链，而耳环、戒指、手镯等则宜选较为华丽的，让人觉得丰满一些。

以手镯为例，如果你的手腕比较粗，可以佩戴稍微宽一点的翡翠手镯，可以适当转移人们的注意力。相反，手腕比较纤细，骨骼明显，那么建议佩戴细杆手镯或翡翠手链，可以让手臂看起来更加饱满一些。一般贵妃镯的圈口较小，适合手腕比较细的青春少女，且其价格也相对比较便宜。

| 适合身材高大 | 适合身材娇小 |

不同身形首饰佩戴

(3)配饰相搭

好马配好鞍,好的翡翠当然也需要搭配一款精美合适的挂绳才能更好地凸显魅力。不同种水色的翡翠挂件,如果随便配一条挂绳,不仅不能彰显翡翠之美,还有可能明珠暗投。

✦ 贵金属项链

不同贵金属项链搭配效果

对于块度小、色种较好的翡翠挂件,最好镶嵌贵金属扣,用贵金属项链更显精致。

✦ **黑色配绳**

黑色给人一种高贵、端庄的感觉。特别是纯净冰润的翡翠,与黑绳搭配是永恒的经典组合,绿翠或者紫色等色彩丰富的翡翠挂件,简简单单的一条黑绳相配就足以美艳。有些品种直接配黑绳若显得单调,可以在配绳上添加几颗有颜色的珠子,丰富视觉效果。

不同编绳搭配效果

✦ **棕色配绳**

棕色给人一种质朴、自然、健康的感觉。因为色调不是很鲜明,所以在视觉上可以提亮翡翠色泽,使其看起来更亮丽。与飘花类的翡翠相衬更显灵动缥缈,与绿翠等有色翡翠相衬更显沉稳、大气。棕色作为一种平和、百搭的色调,可以在棕线上缠绕一些金色丝线,以显古韵别致。

✦ **红色配绳**

中国人尤爱红色,代表喜庆与吉祥。在本命年用红绳系挂,有消灾辟邪的寓意。在选择配绳的时候,为了讨一个好兆头,一般会选红色配绳。

✦ **串珠编绳**

市场常见用直径 4mm 左右的小珠子编制成挂绳,夏天佩戴起来清凉宜人,皮肤不易过敏;春秋佩戴在羊绒、羊毛衫外面不会产生拉线。也有通过对不同品种不同颜色配珠(件)与主体挂件的搭配设计,提高观赏性进而提升其价值。如花青和铁龙生料的雕件可用黑色玛瑙细珠编制链子,搭配起来别有一番韵味。

4.3.2 翡翠首饰的保养

翡翠虽然贵为"玉石之王",拥有较为稳定的物理、化学性质,但也需要妥善养护才能历久弥新,甚至更加温润透亮。

(1) 使用

正确佩戴:翡翠饰品,尤其是镶嵌类,应当在梳洗完毕并穿好衣物再进行佩戴。以防在穿衣服时被勾拉,造成翡翠脱落或衣物脱线。

避免碰撞:翡翠与其他饰品不应一起佩戴,以免发生碰撞或相互磨损。避免翡翠从高处坠落,造成不必要的遗失或破损。

避免高温、强光及化学物品:在沙滩等日照强烈且长时间直射的地方避免佩戴翡翠。炒菜接触油烟时,涂抹香水、化妆品、沐浴乳时也应避免佩戴翡翠。

定期检查:镶嵌类要检查镶口是否松动,非镶嵌类要检查挂绳之处是否有毛边磨损,以防翡翠坠落。

(2)清洁

温和冲洗：把需要清洗的翡翠放在纯净水里浸泡少许时间，用软毛刷加中性清洁剂（如婴儿洗发精）擦洗。纯净水反复冲净后，用柔软洁净且不易褪色的布擦拭。不能用含有微细高硬度研磨颗粒物质的牙膏清洁翡翠，不能用硬毛刷子清理缝隙里的污垢，以免留下划痕。

慎用超声波：高频振动有可能改变种地较差翡翠中的细小绺裂，影响结构甚至导致破损。

(3)存放

暂时不戴的翡翠饰品，要清洗干净后收纳存放，避免灰尘玷污。存放环境要保持适宜的湿度，不能过于干燥。存放翡翠时，注意与红宝石、蓝宝石、钻石等其他首饰分隔放置，避免与其他宝石相互划擦留下划痕。

翡翠不易长期搁置，最好能时常拿出来佩戴或把玩，时常与肌肤接触，人体的油脂对其有滋养水润作用。

人养玉，玉养人

人们常说"人养玉三年，玉养人一生"。是指经过长时间的佩戴把玩，人体分泌出的油脂进入到玉石的空隙中，使玉石变得更加温润有光泽，更加莹亮有灵气。玉养人，更多的是养在礼仪，养在品德，养在心性等方面。古人在培养一个人的仪态举止时，会在其身上系一块玉佩，如果做出撒腿狂跑、摇摇晃晃等不文雅的动作，玉佩就会有掉落的危险。所以佩玉之人往往举止优雅、端庄。

主要参考文献

白子贵,赵博,2014.翡翠鉴定与评估[M].上海:东华大学出版社.

全国珠宝玉石标准化技术委员会,2018.玉雕制品工艺质量评价:GB/T 36127—2018[S].北京:中国标准出版社.

郭颖,2007.玉雕与玉器[M].北京:地震出版社.

全国珠宝玉石标准化技术委员会,2009.翡翠分级:GB/T 23885—2009[S].北京:中国标准出版社.

全国珠宝玉石标准化技术委员会,2017.珠宝玉石 名称:GB/T 16552—2017[S].北京:中国标准出版社.

何明跃,王春利,2008.翡翠鉴赏与评价[M].北京:中国科学技术出版社.

候舜瑜,2014.老侯说玉[M].广州:华南理工大学出版社.

候舜瑜,2017.老侯寻宝[M].广州:华南理工大学出版社.

候舜瑜,项贤彪,刘书东,2009.相玉:翡翠的评价和选购[M].北京:地质出版社.

李永广,2015.翡翠鉴定与选购 从新手到行家[M].北京:文化发展出版社.

潘建强,2015.论翡翠的种[J].宝石和宝石学杂志(1):17-23.

全国首饰标准化技术委员会,2011.贵金属首饰工艺质量评价规范:QB/T 4189—2011[S].北京:中国标准出版社.

任进,1998.珠宝首饰设计[M].北京:海洋出版社.

汤惠民,2013.行家这样买翡翠[M].南昌:江西科学技术出版社.

唐克美,2005.金银细金工艺和景泰蓝[M].郑州:大象出版社.

王蓓,2013.珠宝玉石饰品基础[M].武汉:中国地质大学出版社.

王蓓,耿宁一,沈喆,等,2019.彩色宝石鉴赏评价[M].武汉:中国地质大学出版社.

余晓艳,2015.有色宝石学教程[M].北京:地质出版社.

袁心强,2009.应用翡翠宝石学[M].武汉:中国地质大学出版社.

张蓓莉,2001.珠宝首饰评估[M].北京:地质出版社.
张蓓莉,2006.系统宝石学[M].北京:地质出版社.
张蓓莉,2013.翡翠品质分级及价值评估[M].北京:地质出版社.
张野,2018.看图识翡翠:美玉传世[M].武汉:华中科技大学出版社.
中国轻工业联合会,2012.玉器雕琢通用技术要求:GB/T 28802—2012[S].北京:中国标准出版社.